普通高等院校应用型人才培养"十三五"规划教材

Python 数据分析

吴道君　　朱家荣◎主　编

毛凤翔　郭洪涛　宋　毅　孙海龙◎副主编

王庆喜◎主　审

中国铁道出版社有限公司

CHINA RAILWAY PUBLISHING HOUSE CO., LTD.

内 容 简 介

本书全面讲解 Python 数据分析的相关知识和技术，内容包括 Python 数据分析概述、NumPy 数值计算、Matplotlib 数据可视化、Pandas 数据分析、数据预处理、Sklearn 机器学习。本书以培养学生编程能力和数据分析能力为目标，注重技术应用能力的培养。

本书内容充实、结构合理、实用性强，具有明确的应用能力培养目标，易于接受和理解，学完本书后，可以具备数据分析的基本能力。

本书适合作为普通高等院校人工智能、数据科学与大数据以及计算机相关专业课程的教材，也可以作为相关从业人员的技术参考用书。

图书在版编目（CIP）数据

Python 数据分析/吴道君，朱家荣主编. —北京：中国铁道出版社有限公司，2019.9（2023.2重印）

普通高等院校应用型人才培养"十三五"规划教材

ISBN 978-7-113-25871-9

Ⅰ.①P… Ⅱ.①吴… ②朱… Ⅲ.①软件工具-程序设计-高等学校-教材 Ⅳ.①TP311.561

中国版本图书馆 CIP 数据核字（2019）第 149952 号

书　　名：Python 数据分析
作　　者：吴道君　朱家荣

策　　划：韩从付　　　　　　　　　　　　编辑部电话：(010)51873202
责任编辑：周海燕　彭立辉
封面设计：穆　丽
责任校对：张玉华
责任印制：樊启鹏

出版发行：中国铁道出版社有限公司（100054，北京市西城区右安门西街 8 号）
网　　址：http://www.tdpress.com/51eds/
印　　刷：北京九州迅驰传媒文化有限公司
版　　次：2019 年 9 月第 1 版　　2023 年 2 月第 6 次印刷
开　　本：787 mm×1 092 mm　1/16　印张：13　字数：322 千
书　　号：ISBN 978-7-113-25871-9
定　　价：45.00 元

前　言

PREFACE

　　数据的价值越来越被公众认可和推崇，而数据分析的作用就是通过一定的方法找出数据的价值。

　　近年来，随着大数据技术和人工智能技术的发展，Python 已经成为数据科学领域最为重要的语言和工具。Python 是一种面向对象、解释型的计算机程序设计语言，其语法简洁清晰、成熟稳定。

　　Python 最为重要的是具有丰富和强大的库，例如在数据分析领域的 NumPy、Matplotlib、Pandas 和 Sklean 等，这些库基本上包含了数据分析的所有方面，为数据分析提供了强大的功能支持。有了这些数据分析库，就可以非常容易地对数据进行分析，不再需要从基础做起，大大降低了数据分析的难度和复杂度。

　　本书主要讲解使用 Python 以及 Python 的库进行数据分析的技术，全书共分为 6 章，主要内容如下：

　　第 1 章 Python 数据分析概述，主要讲解数据分析的相关概念及其应用、Python 在数据分析领域的优势、Python 数据分析的第三方类库、Python 数据分析环境库的安装、Jupyter Notebook 工具的基本使用。

　　第 2 章 NumPy 数值计算，主要讲解 NumPy 数组的概念，NumPy 数组的创建方法、属性和数据类型，常用数组操作方法的使用，数组的切片和索引方法，数组的各类运算方法和使用，NumPy 的线性代数运算函数，数组的存取操作方法。

　　第 3 章 Matplotlib 数据可视化，主要讲解线形图的绘制，线形图的线的颜色、线型、坐标点、线宽设置；散点图、柱状图、条形图、饼图、直方图、箱线图的绘制；图例、坐标网格、坐标系、样式的设置，样式、RC 设置和文本注解；子图的绘制、子图坐标系的设置、图形嵌套；三维图形的绘制。

　　第 4 章 Pandas 数据分析，主要讲解 Pandas 的数据结构，常用的 DataFrame 数据结构；DataFrame 的基本功能，DataFrame 的行操作与列操作；Pandas 操作外部数据的方法，读取 CVS、数据库数据的方法；DataFrame 的重建索引、更换索引和层次化索引的使用；Series、DataFrame 的数据运算，函数应用与映射、排序、迭代方法；描述性统计函数，协方差、相关性等的计算方法；分组与聚合的概念、分组聚合的方法使用；透视表、交叉表的方法。

　　第 5 章数据预处理，主要讲解数据清洗的概念和方法，重复值、缺失值和异常值的检测与处理；DataFrame 对象的合并连接与重塑方法；数据变换的种类、常用的数据变换方法。

第 6 章 Sklearn 机器学习，主要讲解机器学习的有关概念，Sklearn 数据集，Sklearn 数据预处理，降维、回归、聚类和分类算法，模型的选择、训练、预测和评估等。

本书配有完善的教学资源，包括教学课件、电子教案、教学大纲、教学计划、实验参考、习题答案等，可以在 http://www.tdpress.com/51eds 中下载。在教学过程中如果遇到任何问题，可以通过电子邮箱 qingxiwang1111@163.com 与作者进行交流。

本书由广东岭南职业技术学院吴道君、广西民族师范学院朱家荣任主编，信阳学院毛凤翔、洛阳师范学院郭洪涛、哈尔滨华德学院宋毅和孙海龙任副主编，其中宋毅编写了第 1 章，吴道君编写了第 2 章，朱家荣编写了第 3 章，毛凤翔编写了第 4 章，孙海龙编写了第 5 章，郭洪涛编写了第 6 章。全书由王庆喜主审。

本书得到相关领导、同事和有关学生的热情帮助和支持，在此向他们表示衷心的感谢。

由于时间仓促，编者水平有限，书中难免存在疏漏和不足之处，敬请读者批评指正。

编　者

2019 年 5 月

目 录

CONTENTS

第1章
Python 数据分析概述

 学习目标

- 熟悉数据分析的相关概念。
- 了解数据分析的应用。
- 了解 Python 在数据分析领域的优势。
- 熟悉 Python 数据分析第三方的类库。
- 掌握 Python 数据分析的类库安装。
- 掌握 Jupyter Notebook 的基本使用。

引言

随着科技的发展，各行各业产生的数据量呈现指数级增长，如何管理和使用这些数据，逐渐成为数据科学领域中的一个重要课题。近年来，Python 语言发展迅猛，为数据分析提供了极其优秀的工具，并快速成为数据科学领域的主要语言之一，越来越多的数据分析师在工作中采用 Python 技术。

1.1 数据分析的概念、流程和应用

数据分析作为数据科学与大数据技术的重要组成部分，近年来成为了数据科学领域中数据从业人员必须具备的技能，越来越被重视。

1.1.1 数据分析的概念

数据分析是指选用适当的分析方法对收集来的大量数据进行分析、提取有用信息和形成结论，对数据加以详细研究和概括总结的过程。

广义的数据分析包括狭义数据分析和数据挖掘两部分。狭义数据分析是指根据分析目的，采用对比分析、分组分析、交叉分析和回归分析等分析方法，对收集的数据进行处理与分析，提取有价值的信息，发挥数据的作用，得到一个特征统计量结果的过程。数据挖掘则是从大量的、不完全的、有噪声的、模糊的、随机的实际应用数据中，通过应用聚类模型、分类模型、回归和关联规则等技术，挖掘潜在价值的过程。

数据分析的目的是把隐藏在一大批看起来杂乱无章的数据中的信息集中、萃取和提炼出来，以找出所研究对象的内在规律，并加以利用，从而创建经济和社会价值。

1.1.2　数据分析的流程

数据分析已经逐渐演化为一种解决问题的过程，典型的数据分析流程如下：

1．需求分析

需求分析的主要内容是根据数据分析需求方的要求和实际情况，结合现有的数据情况，提出数据分析需求的整体分析方向、分析内容，最终和需求方达成一致意见。

2．数据获取

数据获取是根据需求分析的结果提取、收集数据。数据获取主要有两种方式：网络数据与本地数据。网络数据是指存储在互联网中的各类视频、图片、语言和文字等信息；本地数据则是指存储在本地数据库中的数据。本地数据按照数据时间又可以划分为两部分：历史数据和实时数据。历史数据是指系统在运行过程中遗存下来的数据，其数据随系统运行时间的增加而增长；实时数据是指最近一个单位周期内产生的数据。

3．数据预处理

数据预处理是指对数据进行数据合并、数据清洗和数据变换，并直接用于分析建模的这一过程的总称。其中，数据合并可以将多张相互关联的表格合并成为一张；数据清洗可以处理重复值、缺失值和异常值；数据变换可以通过一定规则把原始数据转换为适合分析的形式，满足后期分析与建模的数据要求。

4．分析与建模

分析与建模是指通过对比分析、分组分析、交叉分析、回归分析等分析方法，以及聚类模型、分类模型、关联模型等模型与算法，发现数据中有价值信息，并得出结论的过程。

分析与建模的方法按照目标不同可以划分几大类。如果分析目标是描述行为模式的，可采用描述性数据分析方法，同时还可以考虑关联规则、序列规则和聚类模型等。如果分析目标是量化未来一段时间内某个时间发生概率的，则可以使用分类预测模型和回归预测模型。

5．模型评价与优化

模型评价是指对于已经建立的模型，根据其模型的类别，使用不同指标评价其性能优劣的过程。常用的聚类模型评价方法有 ARI 评价法（兰特系数）、AMI 评价（互信息）、V-measure 评分等。常用的分类模型评价方法有准确率（Accuracy）、精确率（Precision）、召回率（Recall）等。常用的回归模型评价指标有平均绝对误差、均方误差、中值绝对误差等。

模型优化则是指模型在经过模型评价后已经达到了要求，但在实际生产环境应用中，发现模型并不理想，继而对模型进行重构与优化的过程。

6．部署

部署是指将数据分析结果与结论应用至实际生产系统的过程。

1.1.3　数据分析的应用

数据分析可以解决大量的实际问题，已经应用于各行各业，并取得了很好的效果。

1．客户与营销分析

客户分析是根据客户的基本数据进行的商业行为分析，例如，根据客户的需求、所处行业的特征以及客户的经济情况等，使用统计分析方法和预测验证法分析目标客户，提高销售效率；根据已有的客户特征进行客户特征分析、忠诚度分析和客户收益分析等。

营销分析囊括了产品分析、价格分析、渠道分析、广告与促销分析。产品分析主要是竞争产品分析，通过对竞争产品分析制定自身产品策略。价格分析又可以分为成本分析和售价分析。成本分析的目的是降低不必要的成本；售价分析的目的是制定符合市场的价格。渠道分析是指对产品的销售渠道进行分析，确定最优的渠道配比。广告与促销分析则能够结合客户分析，实现销量的提升、利润的增加。

2．业务流程优化

数据分析可以帮助企业优化业务流程，例如，可以通过业务系统和 GPS 定位系统获得数据，使用数据构建交通状况预测分析模型，有效预测实时路况、物流状况、车流量、客流量和货物吞吐量，进而提前补货，制定库存管理策略和路线优化；人力资源业务可以通过数据分析来优化人才招聘；交通部门可以在数据分析的基础上建立智能化交管方案降低高峰时段的路线拥堵情况。

3．完善执法

利用传感器、闭路电视安装并接入中央云数据库、车牌识别、语音识别、犯罪嫌疑人及罪犯 GPS 追踪等数据分析，实现智能警务；监控并识别异常活动、行为或事故，加快决策制定速度并防止及减少犯罪事件；通过分类模型分析方法对非法集资和洗钱的逻辑路径进行分析，找到其行为特征；通过聚类模型分析方法可以分析相似价格的运动模式，可能发现关联交易及内幕交易的可疑信息；通过关联规则分析方法可以监控多个用户的关联交易行为，为发现跨账号协同的金融欺骗行为提供依据。

4．网络安全

新型的病毒防御系统可使用数据分析技术，建立潜在攻击识别分析模型，检测大量网络活动数据和相应的访问行为，识别可能进行入侵的可疑模式，做到未雨绸缪。

5．优化机器和设备性能

通过物联网技术收集和分析设备上的数据流，包括连续用电、零部件温度、环境湿度和污染物颗粒等多种潜在特征，建立设备管理模型，从而预测设备故障，合理安排预防性的维护，以确保设备正常作业，降低因设备故障带来的安全风险。

6．改善日常生活

利用穿戴的装备生成最新的数据，根据热量的消耗以及睡眠模式来进行追踪；交友网站利用数据分析工具来帮助需要的人匹配合适的对象；基于城市实时交通信息，利用社交网络和天气数据来优化最新的交通情况。

7．医疗卫生与生命科学

利用远程医疗监控能够简化医护人员访问并分析病患医疗记录的流程，从而确保病人得到有效诊疗并降低不必要的成本；临床数据流分析能够顺利识别出异常或者预料之外的行为或者表现，从而辅助做出更准确的诊断意见；实时传感器数据分析有助于检测传染病暴发的可能性，并通过早期预警系统提示预防及准备；数据分析应用能够在几分钟内解码整个 DNA，从而制定出更科学的治疗方案，甚至对疾病进行预测，达到疾病预防的目的。

1.2 数据分析工具

随着云计算、大数据以及人工智能技术的快速发展，Python 及其开发生态环境正在受到越来越多的关注。Python 已经成为计算机世界最重要的语言之一，更是数据分析的首选语言。

1.2.1 常用工具

主流数据分析语言有 Python、R 和 MATLAB。

Python 具有丰富和强大的类库，能够把其他语言模块很轻松地连接在一起，是一门易学、易用的程序设计语言。

R 语言主要用于统计分析、绘图等，它属于 GNU 系统的一个自由、免费、源代码开放的软件。

MATLAB 的作用是进行矩阵运算、回执函数与数据、实现算法、创建用户界面和连接其他编程语言的程序等，主要应用于工程计算、控制设计、信号处理与通信、图像处理、信号检测、金融建模设计与分析等领域。

Python、R 和 MATLAB 数据分析工具对比如表 1-1 所示。

表 1-1 Python、R 和 MATLAB 对比

项目　　　　语言	Python	R	MATLAB
难易程度	接口统一，学习曲线平缓	接口众多，学习曲线陡峭	自由度大，学习曲线较为平缓
使用场景	数据分析、机器学习、矩阵运算、科学可视化、数字图像处理、Web 应用、网络爬虫、系统运维等	统计分析、机器学习、科学数据可视化	矩阵预算、数值分析、科学数据可视化、机器学习、符号计算、数字图像处理、数字信号处理、仿真模拟等
第三方支持	拥有大量的第三方库，能够简便地调用 C、C++、Java 等其他语言	拥有大量的包，能够调用 C、C++、Java 等其他语言	拥有大量专业的工具箱，在新版本中加入了对 C、C++、Java 的支持
流行领域	工业界>学术界	工业界≈学术界	工业界≤学术界
软件成本	开源免费	开源免费	商业收费

1.2.2 Python 数据分析

Python 是一门应用十分广泛的计算机编程语言，在数据科学领域具有无可比拟的优势，逐渐成为数据科学领域的主流语言。Python 数据分析具有五方面优势：

① 语法简单精练。比起其他编程语言，Python 更容易学习和使用。

② 功能强大的库。大量优秀好用的第三方库，扩充了 Python 功能，提升了 Python 的能力，使 Python 如虎添翼。

③ 功能强大。Python 是一个混合体，丰富的工具使它介于传统的脚本语言和系统语言之间。Python 不仅具备简单易用的特点，还提供了编译语言所具有的软件工程能力。

④ 不仅适用于研究和原型构建，同时也适用于构建生产系统。研究人员和工程技术人员使用同一种编程工具，可给企业带来显著的组织效益，并降低企业的运营成本。

⑤ Python 是一门"胶水"语言。Python 程序能够以多种方式轻易地与其他语言的组件"粘接"在一起，例如 Python 的 C 语言 API 可以帮助 Python 程序灵活地调用 C 程序。因此，可以根据需要给 Python 程序添加功能，或者其他环境系统中使用 Python。

Python 数据分析除了使用 Python 基础外，还需要第三方类库。

1. NumPy

NumPy 是 Numerical Python 的简称，是 Python 语言的一个科学计算的扩展程序库，支持大量的多维度数组与矩阵运算，此外也针对数组运算提供大量的数学函数库。NumPy 主要提供以下内容：

① 快速高效的多维数组对象 ndarray。

② 广播功能函数，广播是一种对数组执行数学运算的函数，其执行的是元素级计算。广播提供了算术运算期间处理不同形状的数组的能力。

③ 读/写硬盘上基于数组的数组集的工具。

④ 线性代数运算、傅里叶变换及随机数生成功能。

⑤ 将 C、C++、Fortran 代码集成到 Python 的工具。

除了为 Python 提供快速的数组处理能力外，NumPy 在数据分析方面还有另外一个主要作用，即作为算法之间传递数据的容器。对于数值型数据，使用 NumPy 数组存储和处理数据要比使用内置的 Python 数据结构高效得多。此外，由其他语言（如 C 语言）编写的库可以直接操作 NumPy 数组中数据，无须进行任何数据复制工作。

2. Pandas

Pandas 是 Python 的数据分析核心库，最初被作为金融数据分析工具而开发出来。Pandas 为时间序列分析提供了很好的支持。Pandas 纳入了大量库和一些标准的数据模型，提供了高效地操作大型数据集所需的工具，提供一系列能够快速、便捷地处理结构化数据的结构和函数。Python 之所以成为强大而高效的数据分析环境与它息息相关。

Pandas 兼具 NumPy 高性能的数组计算功能以及电子表格和关系型数据库（如 SQL）的灵活数据处理功能，它提供了复杂精细的索引功能，以便便捷地完成重塑、切片和切换、聚合及选取数据子集等操作。

3. Matplotlib

Matplotlib 是最流行的用于绘制数据图形的 Python 库，它以各种硬拷贝格式和跨平台的交互式环境生成出高质量的图形。Matplotlib 最初由 John D.Hunter 创建，目前由一个庞大的开发团队维护。Matplotlib 的操作比较容易，只需要几行代码即可生成线形图、散点图、直方图、条形图和箱线图等，甚至可以绘制三维图形。

4. Sklearn

Sklearn（Scikit-Learn）是一个简单高效的数据挖掘和数据分析工具，可以供用户在各种环境下重复使用。而且 Sklearn 建立在 NumPy、SciPy 和 Matplotlib 基础之上，对一些常用的算法进行了封装。目前，Sklearn 的基本模块主要有数据预处理、模型选择、分类、聚类、数据降维和回归 6 个。在数据量不大的情况下，Sklearn 可以解决大部分问题。对算法不精通的用户在执行建模任务时，并不需要自行编写所有算法，只需要简单地调用 Sklearn 库中的模块即可。

5. 其他

xlrd 和 openpyxl 是读取 Excel 文件需要的类库；Seaborn 与 Matplotlib 类似，主要作用是绘制图形，但是 Seaborn 自带了一些数据集，可以用来练习。

1.3 Python 数据分析环境

Python 数据分析环境的搭建包括 Python 安装以及多个第三方库的安装。

先安装 Python，再分别安装需要的第三方库。读者如果想省事，也可以采用安装 Anaconda

的方式简化安装。Anaconda 包含了本书使用的所有第三方库，有兴趣的读者也可以自行安装 Anaconda。因为本书使用的开发环境并不复杂，因此没有使用 Anaconda。

注意：安装过程需要网络，因为需要先下载再安装。

1. 安装 Python

本书读者应该具备 Python 基础，因此不再赘述 Python 的安装。

注意：在安装 Python 时，一定要同时安装 PIP，否则下边的安装都无法进行。

Python 数据分析环境搭建

2. 安装数据分析库

（1）安装第三方数据分析库

第三方库的安装使用 pip3 命令，如下所示：

```
pip3 install numpy
pip3 install scipy
pip3 install matplotlib
pip3 install sklearn
pip3 install xlrd
pip3 install openpyxl
pip3 install seaborn
```

（2）检查安装

安装后，可以在 Python 环境中使用导入检查是否安装成功。

```
import numpy as np
import matplotlib as plt
import pandas as pd
import sklearn.datasets import ds
```

如果需要的类库没有安装，则会提示模块不存在，如果没有错误提示，则说明安装成功。

3. Jupyter Notebook 的使用

Jupyter Note-book 的使用

Jupyter Notebook 是 IPython Notebook 的继承者，是一个交互式笔记本，支持运行 40 多种编程语言。它本质上是一个支持实施代码、数学方程、可视化和 Markdown 的 Web 应用程序。对于数据分析，Jupyter Notebook 最大的优点是可以重现整个分析过程，并将说明文字、代码、图表、公式和结论都整合在一个文档中。用户可以通过电子邮件、Dropbox、GitHub 和 Jupyter Notebook Viewer 将分析结果分享给其他人。

Jupyter Notebook 是一个非常强大的工具，常用于交互式地开发和展示数据科学项目。它将代码和它的输出集成到一个文档中，并且结合了可视的叙述性文本、数学方程和其他丰富的媒体。它直观的工作流促进了迭代和快速开发，使得 Jypyter Notebook 在当代数据科学分析和越来越多的科学研究中越来越受欢迎。最重要的是，作为开源项目，它是完全免费的。

（1）安装 Jupyter Notebook

使用如下命令安装 Jupyter Notebook。

```
pip3 install jupyter
```

（2）启动 Jupyter Notebook

注意：Jupyter Notebook 在启动后只允许访问启动目录中包含的文件（包括子目录中包含的文件），并且在 Jupyter Notebook 中创建的文件也保存在启动目录中，在启动 Jupyter Notebook 之前需要修改当前目录。

启动 Jupyter Notebook 之前先做准备工作。

① 创建目录（文件夹）。例如，在 D 盘下创建 notebook 文件夹。

② 改变系统的当前目录，把当前目录更改为创建的目录（文件夹）。

准备工作完成后，开始启动 Jupyter Notebook。在 Windows 系统下的命令行或者在 Linux 系统下的终端输入命令 Jupyter notebook 后按【Enter】键即可启动 Jupyter Notebook。启动后会自动打开系统默认的浏览器，自动展示 Jupyter Notebook 的界面。

推荐使用 Chrome 浏览器，读者可以在启动 Jupyter Notebook 之前，设置操作系统的默认浏览器。

启动后浏览器地址栏显示 http://localhost:8888/tree。其中，localhost 不是一个网站，而是表示本地机器中服务的内容。Jupyter Notebook 是 Web 应用程序，它启动了一个本地的 Python 服务器，将这些应用程序提供给 Web 浏览器，使其从根本上独立于平台，并具有 Web 上共享的优势。

（3）新建一个 Notebook

打开 Jupyter Notebook 以后会在系统默认的浏览器中出现 Jupyter Notebook 的界面（Home）。单击右上方的 New 下拉按钮，出现下拉列表，选择 Python 3 选项，进入 Python 脚本编辑界面。

下拉列表中是创建的 Notebook 类型，其中，Text File 为纯文本型，Folder 为文件夹，Python 3 表示 Python 运行脚本，灰色字体表示不可用项目。

（4）Jupyter Notebook 界面

Jupyter NoteBook 文档由一系列单元（Cell）构成，单元有两种形式。

① 代码单元。代码单元是编写代码的地方，其左边有"In[]:"符号，编写代码后，单击界面上方工具栏中的"运行"按钮，执行程序，其结果会在对应代码单元的下方显示。

② Markdown 单元。Markdown 单元对文本进行编辑，采用 Markdown 语法规范，可以设置文本格式，插入链接、图片甚至数学公式。Markdown 也可以运行，运行后显示格式化的文本（原文本被替代）。

（5）Jupyter Notebook 的两种模式

① 编辑模式。用于编辑文本和代码，对于 Markdown 单元，选中单元并按【Enter】键（或者双击）进入编辑模式；对于代码单元，选中单元后直接进入编辑模式。编辑模式的单元左侧显示绿色竖线。

② 命令模式。用于执行键盘输入的快捷命令，在编辑模式下通过按【Esc】键进入命令模式。命令模式的单元左侧显示蓝色竖线。

（6）检查点

当创建一个新的 Notebook 时，Jupyter Notebook 都会创建一个检查点文件和一个 Notebook 文件；它将位于保存位置的隐藏子目录中，称作.ipynb_checkpoints，也是一个 .ipynb 文件。默认情况下，Jupyter 将每隔 120 s 自动保存 Notebook，而不会改变主 Notebook 文件。当"保存和检查点"时，Notebook 和检查点文件都将被更新。因此，检查点能够在发生意外事件时恢复未保存的工作，通过菜单 File→Revert to Checkpoint 恢复到检查点。

（7）Markdown

Markdown 是一种轻量级的、易于学习的、可以使用普通文本编辑器编写的标记语言，通过简单的标记语法，它可以使普通文本内容具有一定的格式。Jupyter Notebook 的 Markdown

单元作为基础的 Markdown 的功能更加强大，下面将从标题、列表、字体、表格和数学公式编辑五方面进行介绍。

① 标题。标题是标明文章和作品等内容的简短语句，在行前加一个"#"字符代表一级标题，加两个"#"字符代表二级标题，依此类推。

② 列表。列表是一种由数据项构成的有限序列，即按照一定的线性顺序排列而成的数据项的集合。列表一般分为两种：一种是无序列表，使用一些图标标记，没有序号，没有排列顺序；另一种是有序列表，使用数字标记，有排列顺序。Markdown 对于无序列表，可使用星号、加号或者减号作为列表标记；Markdown 对于有序列表，则使用数字"."""（一个空格）表示。

③ 字体。文档中为了突显部分内容，一般对文字使用加粗或斜体格式，使得该部分内容变得更加醒目。对于 Markdown 排版工具而言，通常使用星号"*"和下画线"_"作为标记字词的符号。前面有两个星号或下画线表示加粗，前后有 3 个星号或下画线表示斜体。

④ 表格。使用 Markdown 同样也可以绘制表格。代码的第一行表示表头；第二行分隔表头和主体部分；从第三行开始，每一行代表一个表格行。列与列之间用符号"|"隔开，表格的一行两边也要有符号"|"。

⑤ 数学公式编辑。在 Jupyter Notebook 的 Markdown 的单元中也可以使用 LaTeX 来插入数学公式。在文本行中插入数学公式，应使用两个"$"符号。如果要插入一个数学区块，则使用两个"$$"。

（8）导出功能

Notebook 可以导出多种格式，例如 HTML、Markdown、reST、PDF 等格式。导出功能可通过选择 File→Downloads as 级联菜单中的命令实现。

（9）快捷键

为了提高编程效率，Jupyter Notebook 提供了很多快捷键，命令模式快捷键如表 1-2 所示，编辑模式快捷键如表 1-3 所示。

表 1-2　命令模式快捷键

快　捷　键	作　　用
Enter	转入编辑模式
Shift+Enter	运行本单元，选中下个单元
Ctrl+Enter	运行本单元
Alt+Enter	运行本单元，在其下插入新单元
Y	单元转入代码状态
M	单元转入 markdown 状态
R	单元转入 raw 状态
1	设置 1 级标题
2	设置 2 级标题
3	设置 3 级标题
Up	选中上方单元
Down	选中下方单元
A	在上方插入新单元
B	在下方插入新单元
Shift+M	合并选中的单元

快　捷　键	作　用
Ctrl+S 或 S	保存当前 NoteBook
H	显示快捷键帮助
Shift+Space	向上滚动
Space	向下滚动

表 1-3　编辑模式快捷键

快　捷　键	作　用
Tab	代码补全或缩进
Shift+Tab	提示
Ctrl+]	缩进
Ctrl+[	解除缩进
Ctrl+A	全选
Ctrl+Z	撤销
Ctrl+Shift+Z	重做
Ctrl+Y	重做
Ctrl+Home	跳到单元开头
Ctrl+Up	跳到单元开头
Ctrl+End	跳到单元末尾
Ctrl+Down	跳到单元末尾
Ctrl+Left	跳到左边一个字首
Ctrl+Right	跳到右边一个字首
Esc	切换到命令模式
Shift+Enter	运行本单元，选中下一单元
Ctrl+Enter	运行本单元
Alt+Enter	运行本单元，在下面插入一单元
Ctrl+S	保存当前 Notebook
Shift	忽略
Up	光标上移或转入上一单元
Down	光标下移或转入下一单元
Ctrl+/	注释整行/撤销注释

 小　结

　　本章首先介绍了数据分析的概念、流程以及应用，然后列举说明了数据分析的常用工具，并重点介绍了 Python 数据分析的第三方类库；最后介绍 Python 数据分析环境搭建，主要是第三方库的安装，特别是 Jupyter Notebook 开发工具的使用。

 习　题

一、选择题

1. 数据分析第三方库包括（　　）。

    A. NumPy   B. Matplotlib   C. Pandas   D. Pygame

2. 不是数据分析常用工具的是 (　　)。

    A. Python   B. Java   C. MATLAB   D. R

二、填空题

1. 数据分析流程包括：_____等环节。

2. 广义的数据分析包括_____、_____两部分。

三、简单题

1. Python 数据分析的优势。

2. Python 数据分析环境搭建。

 实　验

一、实验目的

① 掌握 Python 数据分析环境搭建。

② 掌握 Jupyter Notebook 的基本使用。

二、实验内容

① 搭建 Python 数据分析环境。

② 使用 Jupyter Notebook 开发工具。

三、实验过程

1. 安装数据分析库

使用如下命令安装数据分析需要的第三方 Python 库。

```
pip3 install numpy
pip3 install scipy
pip3 install matplotlib
pip3 install sklearn
pip3 install jupyter
pip3 install xlrd
pip3 install openpyxl
pip3 install seaborn
```

打开命令窗口，在命令窗口中，输入上述命令。以 NumPy 安装为例，如图 1-1 所示。

注意：pip3 命令需要计算机与互联网相连，因为需要下载。

图 1-1　安装 NumPy 操作

2. 安装 Jupyter Notebook 开发工具

在命令窗口中，输入 pip3 install jupyter 命令后按【Enter】键，安装 Jupyter Notebook，如图 1-2 所示。

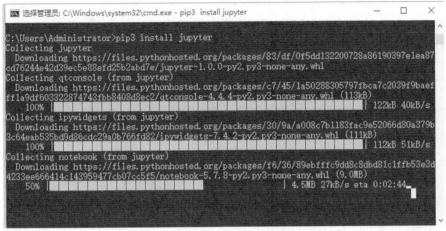

图 1-2　安装 Jupyter Notebook 操作

3. 启动 Jupyter Notebook

① 在 Windows 中打开命令窗口（CMD），如图 1-3 所示。

图 1-3　命令窗口

② 把当前目录切换到 d:\notebook，如图 1-4 所示。

图 1-4　切换目录

③ 启动 Jupyter Notebook，如图 1-5 所示。

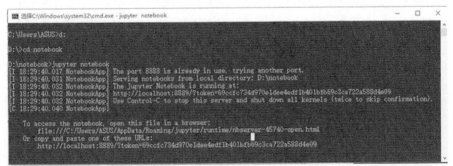

图 1-5　启动 Jupyter Notebook

④ 等待片刻，自动启动浏览器，如图 1-6 所示。

图 1-6　Jupyter 界面

注意： 打开的浏览器是操作系统默认浏览器，因此不同环境打开的浏览器会不相同。

4．创建 Notebook 的 Python 脚本文件

① 单击 New 下拉按钮，如图 1-7 所示。

图 1-7　打开 New 下拉列表

② 选择下拉菜单中的 Python 选项，创建 Python 脚本，如图 1-8 所示。

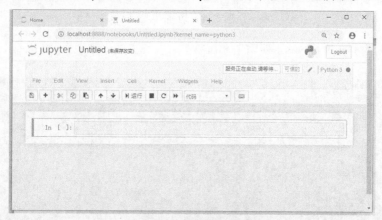

图 1-8　创建脚本界面

③ 单击 File 菜单，如图 1-9 所示。

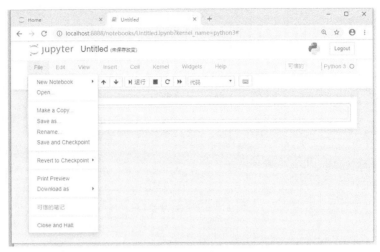

图 1-9　打开 File 菜单

④ 选择 File→Rename 命令，弹出重命名对话框，修改 Python 脚本文件名称，如图 1-10 所示。

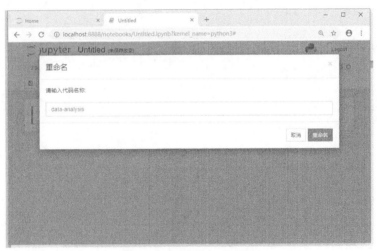

图 1-10　修改脚本文件名称

⑤ 单击"重命名"按钮，Python 脚本文件名称被修改，如图 1-11 所示。

图 1-11　命名后的脚本文件

⑥ 编写 Python 代码后单击"运行"按钮，如图 1-12 所示。

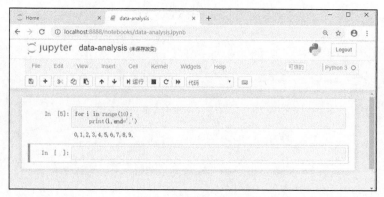

图 1-12　编程后运行

第 2 章
NumPy 数值计算

 学习目标

- 了解 NumPy 数组的概念，掌握 NumPy 数组的创建方法、属性和数据类型。
- 熟悉数组的操作，掌握常用数组操作方法的使用。
- 熟悉数组索引和切片的概念，掌握数组切片和索引方法。
- 熟悉数组运算，掌握数组各类运算方法的使用。
- 掌握 NumPy 的线性代数运算函数。
- 熟悉数组的存取操作方法。

 引言

NumPy 是用于科学计算的一个开源的 Python 程序库，它为 Python 提供了高性能数组与矩阵运算处理能力，为数据分析提供了数据处理的基础功能。

2.1 NumPy 多维数组

NumPy 提供了一个名为 ndarray 的多维数组对象，该数组元素具有固定大小，即 NumPy 数组元素是同质的，只能存放同一种数据类型的对象，因此能够确定存储数组所需空间的大小，能够运用向量化运算来处理整个数组，具有较高的运算效率。

2.1.1 数组创建

可以通过多种方式创建 NumPy 数组。

NumPy 数组创建

1. 通过 array()函数创建 ndarray 数组

NumPy 的 array()函数可以创建 ndarray 数组，对于多维数组的创建，使用嵌套序列数据即可完成。array()函数可以将 Python 的列表、元组、数组或其他序列类型作为参数创建 ndarray 数组。

【示例 2-1】一维列表作为 array 参数。

程序代码：

```
import numpy as np
a1=np.array([1,2,3,4,5,6])
print(a1)
```

输出结果：

```
[1 2 3 4 5 6]
```

【示例 2-2】二维列表作为 array 参数。

程序代码：

```
import numpy as np
a2=np.array([[1,2,3],[4,5,6]])
print(a2)
```

输出结果：

```
[[1 2 3]
 [4 5 6]]
```

【示例 2-3】字符串作为 array 参数。

程序代码：

```
import numpy as np
a3=np.array('abcdefg')
a3
```

输出结果：

```
array('abcdefg', dtype='<U7')
```

【示例 2-4】元组作为 array 参数。

程序代码：

```
import numpy as np
a4=np.array((1,2,3))
a4
```

输出结果：

```
array([1, 2, 3])
```

【示例 2-5】字典作为 array 参数。

程序代码：

```
import numpy as np
a5=np.array({'zhang':12,'dd':45})
a5
Out[]:
array({'zhang': 12, 'dd': 45}, dtype=object)
```

特殊数组
创建

2. 创建特殊数组

NumPy 提供了创建特殊数组的函数，如表 2-1 所示。

表 2-1　特殊数组创建函数

函　　数	描　　述
ones()	创建指定长度或形状的全 1 数组
ones_like()	以另一个数组为参考，根据其形状和 dtype 创建全 1 数组
zeros、zeros_like()	类似于 ones、ones_like，创建全 0 数组
empty、empty_like()	同上，创建没有具体值的数
eye、identity()	创建正方形的 N×N 单位矩阵

【示例 2-6】创建特殊数组。

程序代码：

```
import numpy as np
b1=np.empty((2,3))
print('b1=')
print(b1)
b2=np.zeros((3,5))
print('b2=')
print(b2)
b3=np.ones((4,2))
print('b3=')
print(b3)
b4=np.eye(3)
print('b4=')
print(b4)
b5=np.ones_like(b1)
print('b5=')
print(b5)
```

输出结果：

```
b1=
[[1. 1. 1.]
 [1. 1. 1.]]
b2=
[[0. 0. 0. 0. 0.]
 [0. 0. 0. 0. 0.]
 [0. 0. 0. 0. 0.]]
b3=
[[1. 1.]
 [1. 1.]
 [1. 1.]
 [1. 1.]]
b4=
[[1. 0. 0.]
 [0. 1. 0.]
 [0. 0. 1.]]
b5=
[[1. 1. 1.]
 [1. 1. 1.]]
```

程序分析：

① b1=np.empty((2,3))创建 2 行 3 列的二维数组。

② b2=np.zeros((3,5))创建 3 行 5 列的二维数组，其元素的值均为 0。

③ b3=np.ones((4,2))创建 4 行 2 列的二维数组，其元素的值均为 1。

④ b5=np.ones_like(b1)创建与 b1 结构相同（2 行 3 列）的数组，其元素的值均为 1。

3．从数值范围创建数组

从数值范围创建数组的 NumPy 函数有 3 个：arange()、linspace()和 logspace()。

从数值范围
创建数组

（1）arange()函数

函数 arange()根据 start 与 stop 指定的范围以及 step 设置的步长，生成一个 ndarray 对象，函数格式如下：

```
numpy.arange(start, stop, step, dtype)
```

其中的参数如表 2-2 所示。

表 2-2　arange()函数的参数

参　　数	描　　述
start	起始值，默认为 0
stop	终止值（不包含）
step	步长，默认为 1
dtype	返回 ndarray 的数据类型，如果没有提供，则会使用输入数据的类型

（2）linspace()函数

Linspace()函数用于创建一个一维数组，数组是一个等差数列构成的，其格式如下：

```
np.linspace(start, stop, num=50, endpoint=True, retstep=False, dtype=None)
```

其中的参数如 2-3 表所示。

表 2-3　linspace()函数的参数

参　　数	描　　述
start	序列的起始值
stop	序列的终止值，如果 endpoint 为 true，该值包含于数列中
num	要生成的等步长的样本数量，默认为 50
endpoint	该值为 True 时，数列中包含 stop 值，反之不包含，默认为 True
retstep	如果为 True，生成的数组中会显示间距，反之不显示
dtype	ndarray 的数据类型

（3）logspace()函数

logspace()函数用于创建一个对数运算的等比数列，其格式如下：

```
np.logspace(start, stop, num=50, endpoint=True, base=10.0, dtype=None)
```

其中的参数如表 2-4 所示。

表 2-4　logspace()函数的参数

参　　数	描　　述
start	序列的起始值
stop	序列的终止值。如果 endpoint 为 True，该值包含于数列中
num	要生成的等步长的样本数量，默认为 50
endpoint	该值为 True 时，数列中包含 stop 值，反之不包含，默认为 True
base	对数 log 的底数
dtype	ndarray 的数据类型

【示例 2-7】从数值范围创建数组。

程序代码：

```
import numpy as np
c1=np.arange(10)
c2=np.linspace(1,10,10)
```

```
c3=np.logspace(10,100,10)
print('c1=',c1)
print('c2=',c2)
print('c3=',c3)
```

输出结果：

```
c1=[0 1 2 3 4 5 6 7 8 9]
c2=[ 1.  2.  3.  4.  5.  6.  7.  8.  9. 10.]
c3=[1.e+010 1.e+020 1.e+030 1.e+040 1.e+050 1.e+060 1.e+070 1.e+080 1.e+090
1.e+100]
```

4．使用 asarray()函数创建 NumPy 数组

函数 asarray()把 Python 的列表、元组等转换为 NumPy 数组，其格式如下：

```
numpy.asarray(a, dtype=None, order=None)
```

其中的参数如表 2-5 所示。

表 2-5 asarray()函数的参数

参　　数	描　　述
a	任意形式的输入参数，可以是列表、列表的元组、元组、元组的元组、元组的列表、多维数组
dtype	数据类型，可选
order	可选，有 C 和 F 两个选项，分别代表行优先和列优先

【示例 2-8】asarray()函数的应用。

程序代码：

```
import numpy as np
d1=[1,3,5,7,9]
d2=np.asarray(d1)
print(d2)
```

输出结果：

```
[1 3 5 7 9]
```

当然，也可以把 NumPy 数组通过 tolist()函数转换成 Python 列表。

随机数组

5．随机数数组

通过 NumPy 的随机数函数可以创建随机数数组，在 numpy.random 模块中，提供了多种随机生成函数，如表 2-6 所示。

表 2-6 随机数函数

函　　数	描　　述
rand()	产生均匀分布的样本值
randint()	给定范围内取随机整数
randn()	产生正态分布的样本值
seed()	随机数种子
permutation()	对一个序列随机排序，不改变原数组
shuffle()	对一个序列随机排序，改变原数组
uniform(low,high,size)	产生具有均匀分布的数组，low 表示起始值，high 表示结束值，size 表示形状
normal(loc,scale,size)	产生具有正态分布的数组，loc 表示均值，scale 表示标准差
poisson(lam,size)	产生具有泊松分布的数组，lam 表示随机事件发生率

（1）rand()函数

rand()函数产生一个指定形状的数组，数组中的值服从[0, 1]之间的均匀分布，其格式如下：

```
numpy.random.rand(d0, d1,...,dn)
```

其中，参数 d0, d1, ..., dn 为 int 型，可选。如果没有参数则返回一个 float 型的随机数，该随机数服从[0, 1]之间的均匀分布。

其返回值是一个 ndarray 对象或者一个 float 型的值。

【示例 2-9】rand()函数的应用。

程序代码：

```
import numpy as np
a=np.random.rand(2,4)
print(a)
```

输出结果：

```
[[0.18821209 0.76804856 0.31678337 0.67669764]
 [0.99752276 0.74665483 0.45462316 0.26944658]]
```

（2）uniform()函数

uniform()函数返回一个在区间[low, high)中均匀分布的数组，其格式如下：

```
uniform(low=0.0, high=1.0, size=None)
```

其中，参数 low、high 是 float 型或者 float 型的类数组对象。指定抽样区间为[low, high)，low 的默认值为 0.0，hign 的默认值为 1.0；size 是 int 型或 int 型元组。指定形状，如果不提供 size，则返回一个服从该分布的随机数。

【示例 2-10】uniform()函数的应用。

程序代码：

```
import numpy as np
a=np.random.uniform(size=(2,4))
b=np.random.uniform(3,5,(2,4))
print(a)
print(b)
```

输出结果：

```
[[0.92361027 0.50134732 0.11304747 0.81518805]
 [0.51894746 0.23578457 0.60282023 0.41728721]]
[[4.86748613 4.46711746 4.4014271  3.02693896]
 [4.86857545 3.10595634 4.9202416  3.98067133]]
```

（3）randn()函数

函数 randn()返回一个指定形状的数组，数组中的值服从标准正态分布（均值为 0，方差为 1），其格式如下：

```
numpy.random.randn(d0, d1,..., dn)
```

其中，参数 d0, d1, ..., dn 为 int 型，可选。如果没有参数，则返回一个服从标准正态分布的 float 型随机数。

返回值：ndarray 对象或者 float。

【**示例 2-11**】randn()函数的应用。

程序代码：

```
import numpy as np
a=np.random.randn(2,4)
print(a)
```

输出结果：

```
[[ 1.07574705  0.91538959 -0.65044272 -0.72923101]
 [ 1.14985313  1.46248009 -0.28638526 -1.36546459]]
```

（4）normal()函数

normal()函数生成一个由 size 指定形状的数组，数组中的值服从 μ=loc，σ=scale 的正态分布，其格式如下。

```
numpy.random.normal(loc=0.0, scale=1.0, size=None)
```

函数参数说明如下：

① loc：float 型或者 float 型的类数组对象，指定均值。

② scale：float 型或者 float 型的类数组对象，指定标准差。

③ size：int 型或者 int 型的元组，指定了数组的形状。如果不提供 size，且 loc 和 scale 为标量（不是类数组对象），则返回一个服从该分布的随机数。

输出：ndarray 对象或者一个标量。

【**示例 2-12**】normal()函数的应用。

程序代码：

```
import numpy as np
a=np.random.normal(size=(2,4))
print(a)
```

输出结果：

```
[[ 2.62747191  1.4300209  -2.14503693  0.1861132 ]
 [-0.5633612   0.69056262 -0.19184033  0.47298779]]
```

（5）randint()函数

randint()函数生成一个在区间[low, high)中离散均匀抽样的数组，其格式如下：

```
numpy.random.randint(low, high=None, size=None, dtype='l')
```

函数参数说明如下：

① low、high：int 型，指定抽样区间[low, high)。

② size：int 型或 int 型的元组，指定形状。

③ dypte：可选参数，指定数据类型，如 int、int64 等，默认为 np.int。

返回值：如果指定了 size，则返回一个 int 型的 ndarray 对象，否则返回一个服从该分布的 int 型随机数。

【**示例 2-13**】randint()函数的应用。

程序代码：

```
import numpy as np
```

```
a=np.random.randint(1,10,size=(2,4))
print(a)
```

输出结果：

```
[[5 1 8 7]
 [1 5 4 2]]
```

（6）numpy.random.random(size=None)

函数 random()生成[0, 1)之间均匀抽样的数组，其格式如下：

```
numpy.random.random(size=None)
```

参数 size：int 型或 int 型的元组，如果不提供则返回一个服从该分布的随机数。

返回值：float 型或者 float 型的 ndarray 对象。

【示例 2-14】random()函数的应用。

程序代码：

```
import numpy as np
a=np.random.random((2,4))
print(a)
```

输出结果：

```
[[0.52271938 0.42870643 0.79522186 0.73455796]
 [0.68920693 0.71459607 0.14815049 0.38641433]]
```

数组对象属性

2.1.2 数组对象属性

ndarray 对象具有多个十分有用的属性，如表 2-7 所示。

表 2-7 ndarray 对象属性

属　　　性	描　　　述
ndim	秩，即数据轴的个数
shape	数组的维度
size	元素的总个数
dtype	数据类型
itemsize	数组中每个元素的字节大小
nbytes	存储整个数组所需的字节数量，是 itemsize 属性值和 size 属性值之积
T	数组的转置
flat	返回一个 numpy.flatiter 对象，可以使用 flat 的迭代器来遍历数组

① 属性 T。如果数组的秩(rank)小于 2，那么所得只是一个数组的视图。

② 属性 flat 提供了一种遍历方式，同时还可以给 flat 属性赋值，但是赋值会覆盖整个数组内所有元素的值。

【示例 2-15】random()函数应用。

程序代码：

```
import numpy as np
a=np.array([np.arange(3),np.linspace(3,5,3)])
print(np.arange(5).T)  #一维数组的转置为自身视图
print('a=')
print(a)
```

```
print(a.ndim,a.shape,a.size,a.dtype,a.itemsize,a.nbytes)
print('数组转置')
print(a.T)
for item in a.flat:
    print (item,end=",")
```

输出结果：

```
[0 1 2 3 4]
a=[[0. 1. 2.]
   [3. 4. 5.]]
2 (2, 3) 6 float64 8 48
数组转置 [[0. 3.]
 [1. 4.]
 [2. 5.]]
0.0,1.0,2.0,3.0,4.0,5.0,
```

2.1.3 数组数据类型

数组数据类型

Python 虽然支持整型、浮点型和复数型，但对于科学计算来说，仍然需要更多的数据类型来满足在精度和存储大小方面的各种不同要求。NumPy 提供了丰富的数据类型，如表 2-8 所示。

表 2-8　数据类型

类　　型	描　　述
bool	布尔型（值为 True 或 False），占用 1bit
inti	其长度取决于平台的整数（通常为 int32 或者 int64）
int8	字节类型（取值范围为 -128～127）
int16	整型（取值范围为 32 768 ～32 767）
int32	整型（取值范围为 -2^{31}～$2^{31}-1$）
int64	整型（取值范围为 -2^{63}～$2^{63}-1$）
uint8	无符号整型（取值范围为 0～255）
uint16	无符号整型（取值范围为 0～65 535）
uint32	无符号整型（取值范围为 0～$2^{32}-1$）
uint 64	无符号整型()（取值范围为 0～$2^{64}-1$）
float16	半精度浮点型:符号占用 1 bit，指数占用 5 bit，尾数占用 10 bit
float32	单精度浮点型:符号占用 1 bit，指数占用 8 bit，尾数占用 23 bit
float64 位或者 float	双精度浮点型:符号占用 1 bit，指数占用 11 bit，尾数占用 52 bit
complex64	复数类型，由两个 32 位浮点数（实部和虚部）表示
complex128 或者 complex	复数类型，由两个 64 位浮点数（实部和虚部）表示

备注：数据类型的名称以数字结尾，表示该类型的变量所占用的二进制位数。

1．dtype 指定数据类型

创建数组时，如果没有指定数据类型，NumPy 会给新建的数组一个合适的数据类型。当然，也可以给创建的数组明确指定数据类型，指定数据类型是通过参数 dtype 实现的。

2．astype 转换数据类型

astype()函数可以把数组元素转换成指定类型。

注意：

① 指定类型有两种写法。以 float64 为例：np.float64 和"float64"，这两种方式效果相同。

② 将浮点数转换为整数时元素的小数部分被截断，而不是四舍五入。

③ 数值型的字符串可以通过 astype 方法将其转换为数值类型，但如果字符串中有非数值型字符进行转换就会报错。

④ astype 方法会创建一个新的数组，并不会改变原有数组的数据类型。

【示例 2-16】 astype() 函数的应用。

程序代码：

```python
import numpy as np
a=np.array([[1.1,2.2],[3.3,3.4]],dtype=np.float)
b=a.astype(np.int)
print('a=',a)
print('b=',b)
c=np.arange(5,dtype=np.int8)
print('c.dtype=',c.dtype)
print('数据类型转换后的 dtype=',c.astype(np.float).dtype)
print('c 的数据类型没有改变，c.dtype=',c.dtype)
```

输出结果：

```
a=[[1.1 2.2]
 [3.3 3.4]]
b=[[1 2]
 [3 3]]
c.dtype=int8
数据类型转换后的 dtype=float64
c 的数据类型没有改变，c.dtype=int8
```

2.2 数组操作

NumPy 中包含了一些函数用于操作数组，大致分为六类：修改数组形状、翻转数组、修改数组维度、连接数组、分割数组、数组元素的添加与删除。

修改数组形状

2.2.1 修改数组形状

修改数组形状的函数如表 2-9 所示。

表 2-9　修改数组形状的函数

函　　数	描　　述
reshape()	不改变数据的条件下修改形状
flatten()	返回一份数组复制，对复制所做的修改不会影响原始数组
ravel()	返回展开数组

1. reshape() 函数

reshape() 函数在不改变数据的条件下修改形状，其格式如下：

```python
numpy.reshape(arr, newshape, order='C')
```

其函数参数如表 2-10 所示。

表 2-10　reshape()函数参数

参　　数	描　　述
arr	要修改形状的数组
newshape	新形状参数，为整数或者整数数组，新的形状应当兼容原有形状
order	'C' 按行，'F'按列，'A'原顺序，'k'元素在内存中的出现顺序

2. flatten()函数

flatten()函数返回一份数组复制，对复制所做的修改不会影响原始数组，其格式如下：

```
ndarray.flatten(order='C')
```

函数参数 order 与 reshape()函数的参数 order 相同。

3. ravel()函数

ravel()函数展平数组元素，顺序通常是"C 风格"，返回的是数组视图，其函数格式如下：

```
numpy.ravel(a, order='C')
```

函数参数 order 与 reshape()函数的参数 order 相同。

flatten()函数与 ravel()的区别在于返回复制还是返回视图，numpy.flatten()返回一份复制，对复制所做的修改不会影响原始数组，而 numpy.ravel 返回的是视图，对视图修改会影响原始数组。

【示例 2-17】修改数组形状。

程序代码：

```
import numpy as np
a=np.arange(12).reshape(2,6)
b=a.reshape(3,4)
print('reshape 输出')
print(a)
print(b)
print('flatten 输出')
c=a.flatten('F')
c[0]=100
print(c)
print(a)                #数组 a[0,0]的值没有被修改
print('ravel 输出')
d=a.ravel()
d[0]=100
print(d)
print(a)                #通过修改 d[0]的值，修改了 a[0,0]的值
```

输出结果：

```
reshape 输出
[[ 0  1  2  3  4  5]
 [ 6  7  8  9 10 11]]
[[ 0  1  2  3]
 [ 4  5  6  7]
 [ 8  9 10 11]]
flatten 输出
```

```
[100   6   1   7   2   8   3   9   4  10   5  11]
[[ 0   1   2   3   4   5]
 [ 6   7   8   9  10  11]]
ravel 输出
[100   1   2   3   4   5   6   7   8   9  10  11]
[[100   1   2   3   4   5]
 [ 6   7   8   9  10  11]]
```

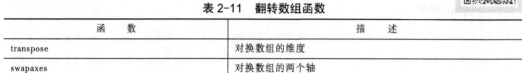

翻转数组

2.2.2　翻转数组

翻转数组函数如表 2-11 所示。

表 2-11　翻转数组函数

函　　数	描　　述
transpose	对换数组的维度
swapaxes	对换数组的两个轴

1．numpy.transpose()函数

numpy.transpose()函数用于对换数组的维度，格式如下：

```
numpy.transpose(arr, axes)
```

参数说明如下：

① arr：要操作的数组。

② axes：整数列表，对应维度，通常所有维度都会对换。

numpy.ndarray.T 类似于 numpy.transpose。

2．numpy.swapaxes()函数

numpy.swapaxes()函数用于交换数组的两个轴，格式如下：

```
numpy.swapaxes(arr, axis1, axis2)
```

参数说明如下：

① arr：输入的数组。

② axis1：交换轴中的第一个轴的整数。

③ axis2：交换轴中的第二个轴的整数。

【示例 2-18】翻转数组。

程序代码：

```
import numpy as np
a=np.arange(6).reshape(2,3)
b=a.transpose()
c=np.transpose(a)
print('transpose 输出')
print('a=',a)
print('b=',b)
print('c=',c)
d=np.swapaxes(a,0,1)          #第 1 轴与第 2 轴数据交换
print('swapaxes 输出')
print('d=',d)
```

输出结果：

```
transpose 输出
a=[[0 1 2]
   [3 4 5]]
b=[[0 3]
   [1 4]
   [2 5]]
c=[[0 3]
   [1 4]
   [2 5]]
swapaxes 输出
d=[[0 3]
   [1 4]
   [2 5]]
```

连接数组

2.2.3　连接数组

数组连接函数如表 2-12 所示。

表 2-12　数组连接函数

函　　数	描　　述
concatenate()	连接沿现有轴的数组序列
stack()	沿着新的轴加入一系列数组
hstack()	水平堆叠序列中的数组（列方向）
vstack()	竖直堆叠序列中的数组（行方向）

1．numpy.concatenate()函数

numpy.concatenate()函数用于沿指定轴连接相同形状的两个或多个数组，格式如下：

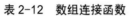

```
numpy.concatenate((a1, a2,...), axis)
```

参数说明如下：

① a1, a2, ...：相同类型的数组。

② axis：沿着它连接数组的轴，默认为 0。

2．numpy.stack()函数

numpy.stack()函数用于沿新轴连接数组序列，格式如下：

```
numpy.stack(arrays, axis)
```

参数说明如下：

① arrays：相同形状的数组序列。

② axis：返回数组中的轴，输入数组沿着它来堆叠。

3．numpy.hstack()函数

numpy.hstack()是 numpy.stack()函数的变体，它通过水平堆叠来生成数组。

4．numpy.vstack()函数

numpy.vstack()函数是 numpy.stack()函数的变体，它通过垂直堆叠来生成数组。

【示例 2-19】连接数组。

程序代码：

```
import numpy as np
a=np.array([[1,2],[3,4]])
b=np.array([[11,12],[13,14]])
c=np.concatenate((a,b))
d=np.concatenate((a,b),1)
e=np.stack(c,0)
f=np.stack(c,1)
g=np.hstack((a,b))
h=np.vstack((a,b))
print('a=',a)
print('b=',b)
print('c=',c)
print('d=',d)
print('e=',e)
print('f=',f)
print('g=',g)
print('h=',h)
```

输出结果：

```
a=[[1 2]
   [3 4]]
b=[[11 12]
   [13 14]]
c=[[ 1  2]
   [ 3  4]
   [11 12]
   [13 14]]
d=[[ 1  2 11 12]
   [ 3  4 13 14]]
e=[[ 1  2]
   [ 3  4]
   [11 12]
   [13 14]]
f=[[ 1  3 11 13]
   [ 2  4 12 14]]
g=[[ 1  2 11 12]
   [ 3  4 13 14]]
h=[[ 1  2]
   [ 3  4]
   [11 12]
   [13 14]]
```

2.2.4 分割数组

分割数组

分割数组函数如表 2-13 所示。

表 2-13　分割数组函数

函　　　数	描　　　述
split()	将一个数组分割为多个子数组
hsplit()	将一个数组水平分割为多个子数组（按列）
vsplit()	将一个数组垂直分割为多个子数组（按行）

1. numpy.split()函数

numpy.split()函数沿特定的轴将数组分割为子数组，格式如下：

```
numpy.split(ary, indices_or_sections, axis)
```

参数说明如下：

① ary：被分割的数组。

② indices_or_sections：如果是一个整数，就用该数平均切分，如果是一个数组，为沿轴切分的位置（左开右闭）。

③ axis：沿着哪个维度进行切向，默认为 0，横向切分。为 1 时，纵向切分。

2. numpy.hsplit()函数

numpy.hsplit()函数用于水平分割数组，通过指定要返回的相同形状的数组数量来拆分原数组。

3. numpy.vsplit()函数

numpy.vsplit()函数沿着垂直轴分割，其分割方式与 hsplit()用法相同。

【示例 2-20】数组分割。

程序代码：

```
import numpy as np
a=np.arange(24).reshape(4,6)
b=np.split(a,2)
c=np.split(a,[2,3])
d=np.hsplit(a,3)
e=np.vsplit(a,2)
print('a=',a)
print('b=',b)
print('c=',c)
print('d=',d)
print('e=',e)
```

输出结果：

```
a=[[ 0  1  2  3  4  5]
   [ 6  7  8  9 10 11]
   [12 13 14 15 16 17]
   [18 19 20 21 22 23]]
b=[array([[ 0,  1,  2,  3,  4,  5],
        [ 6,  7,  8,  9, 10, 11]]), array([[12, 13, 14, 15, 16, 17],
        [18, 19, 20, 21, 22, 23]])]
c=[array([[ 0,  1,  2,  3,  4,  5],
        [ 6,  7,  8,  9, 10, 11]]), array([[12, 13, 14, 15, 16, 17]]),
    array([[18, 19, 20, 21, 22, 23]])]
d=[array([[ 0,  1],
        [ 6,  7],
        [12, 13],
        [18, 19]]), array([[ 2,  3],
        [ 8,  9],
        [14, 15],
        [20, 21]]), array([[ 4,  5],
```

```
                 [10, 11],
                 [16, 17],
                 [22, 23]])]
       e=[array([[ 0,  1,  2,  3,  4,  5],
                 [ 6,  7,  8,  9, 10, 11]]), array([[12, 13, 14, 15, 16, 17],
                 [18, 19, 20, 21, 22, 23]])]
```

数组元素添加与删除

2.2.5 数组元素添加与删除

数组元素添加和删除函数如表 2-14 所示。

表 2-14 数组添加和删除函数

函　　数	描　　述
resize()	返回指定形状的新数组
append()	将值添加到数组末尾
insert()	沿指定轴将值插入到指定下标之前
delete()	删掉某个轴的子数组，并返回删除后的新数组

1．numpy.resize()函数

numpy.resize()函数返回指定大小的新数组。如果新数组大小大于原始大小，则包含原始数组中元素的副本。函数 resize()格式如下：

```
numpy.resize(arr, shape)
```

参数说明如下：

① arr：要修改大小的数组。

② shape：返回数组的新形状。

2．numpy.append()函数

numpy.append()函数在数组的末尾添加值。追加操作会分配整个数组，并把原来的数组复制到新数组中。此外，输入数组的维度必须匹配，否则将生成 ValueError。

Append()函数返回的始终是一个一维数组，其格式如下：

```
numpy.append(arr, values, axis=None)
```

参数说明如下：

① arr：输入数组。

② values：要向 arr 添加的值，需要和 arr 形状相同（除了要添加的轴）。

③ axis：默认为 None。当 axis 无定义时，是横向加成，返回的总是为一维数组。当 axis 有定义时，分别为 0 和 1。当 axis 为 0 时，数据是夹在下边（列数要相同）；当 axis 为 1 时，数组是加在右边（行数要相同）。

3．numpy.insert()函数

numpy.insert()函数在给定索引之前，沿给定轴在输入数组中插入值。

```
numpy.insert(arr, obj, values, axis)
```

参数说明如下：

① arr：输入数组。

② obj：在其之前插入值的索引。

③ values：要插入的值。

④ axis：沿着它插入的轴，如果未提供，则输入数组会被展开。

4．numpy.delete()函数

numpy.delete 函数返回从输入数组中删除指定子数组的新数组。与 insert()函数的情况一样，如果未提供轴参数，则输入数组将展开。

```
numpy.delete(arr, obj, axis)
```

参数说明如下：

① arr：输入数组。

② obj：可以被切片，整数或者整数数组，表明要从输入数组删除的子数组。

③ axis：沿着它删除给定子数组的轴，如果未提供，则输入数组会被展开。

【示例 2-21】数组元素的添加与删除。

程序代码：

```
import numpy as np
# resize()函数
a=np.arange(4).reshape(2,2)
print('a=',a)
a.resize((1,4))
print('一行四列 a=',a)
a.resize((4,1))
print('四行一列 a=',a)
# append()函数
b=np.arange(6).reshape(3,2)
print('数组 b=',b)
c=np.append(b,[6,7])
print('append 的 c=',c)
d=np.append(b,[[11,12]],axis=0)
print('append后的 d=',d)
e=np.append(b,[[100,200],[300,400],[500,600]],axis=1)
print('append后的 e=',e)
# insert()函数
f=np.insert(b,2,11)
h=np.insert(b,2,10,axis=0)
i=np.insert(b,1,10,axis=1)
print('f=',f)
print('h=',h)
print('i=',i)
# delete()函数
j=np.delete(i,[1,2],axis=1)
k=np.delete(h,2,axis=0)
l=np.delete(f,2)
print('j=',j)
print('k=',k)
print('l=',l)
```

输出结果：

```
a=[[0 1]
   [2 3]]
```

```
一行四列 a=[[0 1 2 3]]
四行一列 a=[[0]
            [1]
            [2]
            [3]]
数组 b=[[0 1]
       [2 3]
       [4 5]]
append 的 c=[0 1 2 3 4 5 6 7]
append 后的 d=[[ 0  1]
               [ 2  3]
               [ 4  5]
               [11 12]]
append 后的 e=[[  0   1 100 200]
               [  2   3 300 400]
               [  4   5 500 600]]
f=[ 0  1 11  2  3  4  5]
h=[[ 0  1]
   [ 2  3]
   [10 10]
   [ 4  5]]
i=[[ 0 10  1]
   [ 2 10  3]
   [ 4 10  5]]
j=[[0]
   [2]
   [4]]
k=[[0 1]
   [2 3]
   [4 5]]
l=[0 1 2 3 4 5]
```

2.3 数组索引与切片

ndarray 对象的内容可以通过索引或切片来访问和修改，与 Python 中列表的切片操作一样。

2.3.1 数组索引

一维 NumPy 数组的索引与 Python 列表的索引相同；二维数组的索引在单个或多个轴向上完成，在某一轴上与一维数组索引相同。

【示例 2-22】一维数组索引。

程序代码：

数组索引

```
#一维数组索引
import numpy as np
a=np.linspace(-10,10,11)
print(a)
print('a[1]=',a[1],',a[5]=',a[5],',a[10]=',a[10],',a[-1]=',a[-1])
a[0],a[1],a[2]=100,200,300
print(a)
```

输出结果：

```
[-10. -8. -6. -4. -2.  0.  2.  4.  6.  8. 10.]
a[1]=-8.0 ,a[5]=0.0 ,a[10]=10.0 ,a[-1]=10.0
[100. 200. 300. -4. -2.  0.  2.  4.  6.  8. 10.]
```

【示例 2-23】二维数组索引。

程序代码：

```
import numpy as np
a=np.arange(12).reshape(3,4)
print('a=',a)
print('a[0]=',a[0],',a[2]=',a[2])
print('a[0,0]=',a[0,0],',a[0][0]=',a[0][0],',a[1,2]=',a[1,2],',a[1][2]
=',a[1][2])
a[0]=10
print('a[0]值已修改',a)
a[1]=[100,100,100,100]
print('a[1]值已修改',a)
a[2,0]=1000
print('a[2,0]值已修改',a)
```

输出结果：

```
a=[[ 0  1  2  3]
   [ 4  5  6  7]
   [ 8  9 10 11]]
a[0]=[0 1 2 3] ,a[2]=[ 8  9 10 11]
a[0,0]=0 ,a[0][0]=0 ,a[1,2]=6 ,a[1][2]=6
a[0]值已修改 [[10 10 10 10]
              [ 4  5  6  7]
              [ 8  9 10 11]]
a[1]值已修改 [[ 10  10  10  10]
              [100 100 100 100]
              [  8   9  10  11]]
a[2,0]值已修改 [[  10   10   10   10]
               [ 100  100  100  100]
               [1000    9   10   11]]
```

2.3.2 数组切片

数组切片

一维数组切片格式是[starting_index,ending_index,step]。starting_index 表示切片的开始索引，可以省略，省略时为 0；ending_index 表示切片的结束索引，省略时表示数组的最后一个索引；step 表示步长，即从开始索引到结束索引多长取一个值，默认为 1。

多维数组的切片是按照轴方向进行的，在每一个轴上与一维数组相同。当切片只有一维时，数组就会按照 0 轴方向进行切片。

【示例 2-24】一维数组切片。

程序代码：

```
import numpy as np
a=np.arange(12)
print('a=',a)
print('a[1:3]=',a[1:3],',a[9:]=',a[9:])
```

```
print('a[1:7:2]=',a[1:7:2])
print('a[:]=',a[:])
```

输出结果：

```
a=[ 0  1  2  3  4  5  6  7  8  9 10 11]
a[1:3]=[1 2] ,a[9:]=[ 9 10 11]
a[1:7:2]=[1 3 5]
a[:]=[ 0  1  2  3  4  5  6  7  8  9 10 11]
```

【示例 2-25】二维数组切片。

程序代码：

```
import numpy as np
a=np.arange(12).reshape(3,4)
print('a=',a)
print('a[0:2][1:3]=',a[0:2][1:3],',a[2:][:2]=',a[2:][1:2])
print('a[0:2]=',a[0:2])
print('a[:]=',a[:])
```

输出结果：

```
a=[[ 0  1  2  3]
   [ 4  5  6  7]
   [ 8  9 10 11]]
a[0:2][1:3]=[[4 5 6 7]] ,a[2:][:2]=[]
a[0:2]=[[0 1 2 3]
        [4 5 6 7]]
a[:]=[[ 0  1  2  3]
      [ 4  5  6  7]
      [ 8  9 10 11]]
```

2.3.3 布尔型索引

布尔型索引

布尔型索引是指使用布尔数组来索引目标数组，以此找出与布尔数组中值为 True 的对应的目标数组中的数据。

注意：布尔数组的长度必须与目标数组对应的轴的长度一致。

【示例 2-26】布尔索引

程序代码：

```
import numpy as np
from numpy.random import randn      #用来生成一些正态分布的随机数据
names=np.array(['张','王','李','赵','上官','公孙'])  #储存姓名的数组
data=randn(6,3)                     #生成含随机值的数组
print(data)
print('上官对应的行: ',data[names=='上官'])
```

输出结果：

```
[[ 1.10113051 -0.475449   -0.35505678]
 [ 0.69312436 -1.34862514  0.40442378]
 [ 1.21908475 -2.37707636 -1.30860339]
 [-0.24155704 -1.32119184  0.88924138]
 [ 0.44787608  0.17181889 -0.11584933]
 [ 0.24696786 -0.06049758 -2.53335844]]
上官对应的行:  [[ 0.44787608  0.17181889 -0.11584933]]
```

程序代码:

```
import numpy as np
a=np.arange(12).reshape(3,4)
print(a)
print('a>5',a>5)
print('a[a>5]',a[a>5])
```

输出结果:

```
[[ 0  1  2  3]
 [ 4  5  6  7]
 [ 8  9 10 11]]
a>5 [[False False False False]
    [False False  True  True]
    [ True  True  True  True]]
a[a>5] [ 6  7  8  9 10 11]
```

2.3.4 花式索引

花式索引

花式索引是可以通过整数列表或数组进行索引,也可以使用 np.ix_()函数完成同样的操作。

【示例 2-27】花式索引。

程序代码:

```
import numpy as np
a=np.arange(16).reshape(4,4)
print('花式索引1: ',a[[0,2,3]][[0,2]])
print('花式索引2: ',a[[0,2,3]][:,[0,2]])
print('ix=',np.ix_([0,2,3],[0,2]))
print('花式索引3: ',a[np.ix_([0,2,3],[0,2])])
```

输出结果:

```
花式索引1: [[ 0  1  2  3]
            [12 13 14 15]]
花式索引2: [[ 0  2]
            [ 8 10]
            [12 14]]
ix=(array([[0],
           [2],
           [3]]), array([[0, 2]]))
花式索引3: [[ 0  2]
            [ 8 10]
            [12 14]]
```

2.4 数组的运算

数组的运算支持向量化运算,并且比 Python 具有更快的运算速度。

数组和标量
间的运算

2.4.1 数组和标量间的运算

数组与标量的算术运算,以及相同维度的数组的算术运算都是直接应用到元素中,也就是元素级运算。

【示例 2-28】数组和标量运算。

程序代码：

```
import numpy as np
a=np.arange(6)
b=a*10
c=a.reshape(2,3)
d=c*100
print('a=',a)
print('b=',b)
print('c=',c)
print('d=',d)
```

输出结果：

```
a=[0 1 2 3 4 5]
b=[ 0 10 20 30 40 50]
c=[[0 1 2]
   [3 4 5]]
d=[[  0 100 200]
   [300 400 500]]
e=[ 0  1  4  9 16 25]
```

2.4.2　广播

广播是指 NumPy 在算术运算期间处理不同形状的数组的能力。对数组的算术运算通常在相应的元素上进行。如果两个阵列具有完全相同的形状，则这些操作可被无缝执行。

如果两个数组的维数不相同，则元素到元素的操作是不可能的。然而，在 NumPy 中仍然可以对形状不相似的数组进行操作，因为它拥有广播功能。较小的数组会被广播到较大数组的大小，以便使它们的形状可兼容。

如果上述规则产生有效结果，并且满足以下条件之一，那么数组被称为可广播的。

① 数组拥有相同形状。

② 数组拥有相同的维数，每个维度拥有相同长度，或者长度为 1。

③ 数组拥有极少的维度，可以在其前面追加长度为 1 的维度，使上述条件成立。

【示例 2-29】广播。

程序代码：

```
import numpy as np
a=np.array([1,2])
b=np.array([[11,12]])
c=np.array([[11,12],[13,14]])
print('a+b=',a+b)
print('a+c',a+c)
```

输出结果：

```
a+b=[12 14]
a+c[[12 14]
    [14 16]]
```

2.4.3 算术函数

算术运算的一目函数如表 2-15 所示。

表 2-15 一目数学函数

函　数	描　述	用　法
abs() fabs()	计算整型/浮点/复数的绝对值 对于没有复数的快速版本求绝对值	np.abs() np.fabs()
sqrt()	计算元素的平方根，等价于 array ** 0.5	np.sqrt()
square()	计算元素的平方，等价于 array **2	np.squart()
exp()	计算以自然常数 e 为底的幂次方	np.exp()
Log() log10() log2() log1p()	自然对数(e) 基于 10 的对数 基于 2 的对数 基于 log(1+x)的对数	np.log() np.log10() np.log2() np.log1p()
sign()	计算元素的符号：1 为正数；0 为 0；–1 为负数	np.sign()
ceil()	计算大于或等于元素的最小整数	np.ceil()
floor()	计算小于或等于元素的最大整数	np.floor()
around()	对浮点数取整到最近的整数，但不改变浮点数类型	np.around()
rint()	对浮点数取整到最近的整数，但不改变浮点数类型	np.rint()
modf()	分别返回浮点数的整数和小数部分的数组	np.modf()
isnan()	返回布尔数组标识哪些元素是 NaN （不是一个数）	np.isnan()
isfinite() isinf()	判断元素是有限的数 判断元素是否无限大	np.isfiniter() np.isinf()
cos()、cosh()、sin()、 sinh()、tan()、tanh()	三角函数	
arccos()、arccosh()、 arcsin()、arcsinh()、 arctan()、arctanh()	反三角函数	
logical_and/or/not/xor	逻辑与/或/非/异或 等价于 '&' '｜' '！' '＾'	

Numpy 数学运算的二目函数如表 2-16 所示。

表 2-16 二目数学函数

函　数	描　述	用　法
add()	数组对应元素相加	np.add(A,B)
substract()	数组对应元素相减	np.substract(A,B)
dot multiply *	dot 是叉积，数组和矩阵对应位置相乘 multiply 是点积，矩阵对应位置相乘，要求矩阵维度相同 *是点积，对数组执行对应位置相乘，必要时使用广播 规则	
divide=/ true_divide floor_divide=//	数组对应元素相除 地板除	
mod()、remainder()、fmod()	模运算	
power()	使用第二个数组作为指数，计算第一个数组中的元素	np.power(A,B)
maximum()	两数组对应元素比大小取其大者，返回一个数组	np.maximum:(X,Y,out=None)
minimun()	两数组对应元素比大小取其小者	
copysign()	将第二个数组中各元素的符号赋值给第一个数组的对 应元素	

函　　数	描　　述	用　　法
greater()、greater_equal()、less()、less_equal()、equal()、not_equal()	基于元素的比较，产生布尔数组。等价于>、>=、<、<=、==、!=	

【示例 2-30】 三角函数与反三角函数的应用。

程序代码：

```
import numpy as np
a=np.array([0,30,45,60,90])
b=a*np.pi/180                  # 通过乘 pi/180 转化为弧度
print('正弦值: ',np.sin(b))
print('余弦值: ',np.cos(b))
print('正切值: ',np.tan(b))
c=np.arcsin(np.sin(b))         #求正弦后再求反正弦
print(c*180/np.pi)            # 弧度转化为角度
```

输出结果：

```
正弦值:  [0.          0.5         0.70710678 0.8660254 1.         ]
余弦值:  [1.00000000e+00 8.66025404e-01 7.07106781e-01 5.00000000e-01
 6.12323400e-17]
正切值:  [0.00000000e+00 5.77350269e-01 1.00000000e+00 1.73205081e+00
 1.63312394e+16]
[ 0. 30. 45. 60. 90.]
```

【示例 2-31】 around()函数的应用。

程序代码：

```
import numpy as np
a=np.array([1.2,15.55,123.45,0.537,125.32])
print('原数组: ',a)
print('舍入后: ')
print(np.around(a))
print(np.around(a, decimals=1))
print(np.around(a, decimals=-1))
```

输出结果：

```
原数组:  [  1.2   15.55 123.45    0.537 125.32 ]
舍入后:
[  1.  16. 123.   1. 125.]
[  1.2 15.6 123.4   0.5 125.3]
[  0.  20. 120.   0. 130.]
```

【示例 2-32】 power()函数的应用。

程序代码：

```
import numpy as np
a=np.array([1,2,3,4,5])
b=np.array([5,4,3,2,1])
c=np.power(a,b)
d=np.sqrt(a)
print(c)
print(d)
```

输出结果：

```
[ 1 16 27 16  5]
[1.         1.41421356 1.73205081 2.         2.23606798]
```

【示例 2-33】floor()函数与 ceil()函数的应用。

程序代码：

```
import numpy as np
a=np.array([-2.8,  0.75,  -1.2,  5.6,  100])
print('提供的数组: ',a)
print('floor 后的数组: ',np.floor(a))
print('ceil 后的数组',np.ceil(a))
```

输出结果：

```
提供的数组:  [ -2.8   0.75  -1.2   5.6  100.]
floor 后的数组:  [ -3.   0.  -2.   5.  100.]
ceil 后的数组 [ -2.   1.  -1.   6.  100.]
```

【示例 2-34】add()、subtract()、multiply()和 divide()函数的应用。

程序代码：

```
import numpy as np
a=np.array([[0,1,2],[3,4,5],[6,7,8]])
b=np.array([11,12,13])
print(np.add(a,b))
print(np.subtract(a,b))
print(np.multiply(a,b))
print(np.divide(a,b))
```

输出结果：

```
[[11 13 15]
 [14 16 18]
 [17 19 21]]
[[-11 -11 -11]
 [ -8  -8  -8]
 [ -5  -5  -5]]
[[  0  12  26]
 [ 33  48  65]
 [ 66  84 104]]
[[0.         0.08333333 0.15384615]
 [0.27272727 0.33333333 0.38461538]
 [0.54545455 0.58333333 0.61538462]]
```

【示例 2-35】次方与平方根。

程序代码：

```
import numpy as np
a=np.array([1,4,9,16])
b=np.power(a,2)
c=np.sqrt(a)
print('数组: ',a)
print('平方: ',b)
print('算术平方根: ',b)
```

输出结果：

```
数组： [ 1  4  9 16]
平方： [  1  16  81 256]
算术平方根： [  1  16  81 256]
```

【示例 2-36】mod 函数的应用。

程序代码：

```
import numpy as np
a=np.arange(11,20)
b=np.arange(1,10)
print('a=',a)
print('b=',b)
print('mod(a,b)=', np.mod(a,b))
```

输出结果：

```
a=[11 12 13 14 15 16 17 18 19]
b=[1 2 3 4 5 6 7 8 9]
mod(a,b)=[0 0 1 2 0 4 3 2 1]
```

集合运算

2.4.4 集合运算

NumPy 库提供了针对一维数组的基本集合运算，如表 2-17 所示。

表 2-17　针对一维数组的基本集合运算

函　　数	描　　述
unique(x)	唯一值
intersectld(x,y)	公共元素
unionld(x,y)	并集
inld(x,y)	x 的元素是否在 y 中，返回布尔型数组
setdiffla(x,y)	集合的差
setxorld(x,y)	交集取反

1. unique 唯一值

在数据分析中，常使用 np.unique()函数来找出数组中的唯一值，即去除数组中的重复元素，格式如下：

```
numpy.unique(arr, return_index, return_inverse, return_counts)
```

参数说明如下：

① arr：输入数组，如果不是一维数组则会展开。

② return_index：如果为 true，返回新列表元素在旧列表中的位置（下标），并以列表形式储。

③ return_inverse：如果为 true，返回旧列表元素在新列表中的位置（下标），并以列表形式储。

④ return_counts：如果为 true，返回去重数组中的元素在原数组中的出现次数。

2. inld 是否包含

np.inld()函数用于测试第一个数组中的元素是否包含在第二个数组中，第一个数组中的每个元素返回一个布尔值（元素在第二个数组返回 True，否则返回 False），函数返回一个布尔型数组。

【示例 2-37】集合运算。

程序代码：

```
# uniqe()函数
import numpy as np
a=np.array([1,2,6,1,7,6,2,8,2,9,3,2])
print('a=',a)
print('去重值: ',np.unique(a))
u,indices=np.unique(a, return_index=True)
print('去重数组的索引数组: ',indices)
u,indices=np.unique(a,return_inverse=True)
print('下标为: ',indices)
print('使用下标重构原数组: ',u[indices])
print('返回去重元素的重复数量: ')
u,indices=np.unique(a,return_counts=True)
print(u)
print(indices)
```

输出结果：

```
a=[1 2 6 1 7 6 2 8 2 9 3 2]
去重值: [1 2 3 6 7 8 9]
去重数组的索引数组: [ 0  1 10  2  4  7  9]
下标为: [0 1 3 0 4 3 1 5 1 6 2 1]
使用下标重构原数组: [1 2 6 1 7 6 2 8 2 9 3 2]
返回去重元素的重复数量:
[1 2 3 6 7 8 9]
[2 4 1 2 1 1 1]
```

【示例 2-38】inld()函数的应用。

程序代码：

```
import numpy as np
x=np.array([1,3,4,6])
y=np.array([1,2,3,4])
z=np.array([3,4,5,6])
print(np.in1d(x,y))
print(np.in1d(x,z))
```

输出结果：

```
[ True  True  True False]
[False  True  True  True]
```

统计运算

2.4.5 统计运算

NumPy 库支持对整个数组或按指定轴向的数据进行统计计算。例如，sum()函数用于求和；mean()函数用于求算术平均数；std()函数用于求标准差。

基本数组的统计函数如表 2-18 所示。

表 2-18　基本数组统计函数

函　　数	描　　述
sum()	求和
mean()	算数平均数
std()、var()	标准差和方差
min()、max()	最小值和最大值
argmin()、argmax()	最小和最大元素的索引
cumsum()	所有元素的累计和
cumprod()	所有元素的累计积

统计函数具有 axis 参数，用于计算指定轴方向的统计值，axis 默认值为 None，此时把数组当成一维数组。

cumsum()和 cumpod()函数按照所给定的轴参数返回元素的梯形累计。

【示例 2-39】统计函数的应用。

程序代码：

```
import numpy as np
a=np.arange(9).reshape(3,3)
print(a)
print('sum=',np.sum(a))
print('mean=',np.mean(a))
print('std=',np.std(a))
print('var=',np.var(a))
print('argmin=',np.argmin(a))
print('argmax=',np.argmax(a))
print('cumsum=',np.cumsum(a))
print('cumprod=',np.cumprod(a))
print('第 0 轴 sum=',np.sum(a,0))
print('第 1 轴 mean=',np.mean(a,1))
print('第 0 轴 std=',np.std(a,0))
print('第 1 轴 var=',np.var(a,1))
print('第 0 轴 argmin=',np.argmin(a,0))
print('第 1 轴 argmax=',np.argmax(a,1))
print('第 0 轴 cumsum=',np.cumsum(a,1))
print('第 1 轴 cumprod=',np.cumprod(a,0))
```

输出结果：

```
[[0 1 2]
 [3 4 5]
 [6 7 8]]
sum=36
mean=4.0
std=2.581988897471611
var=6.666666666666667
argmin=0
argmax=8
cumsum=[ 0  1  3  6 10 15 21 28 36]
cumprod=[0 0 0 0 0 0 0 0 0]
```

```
sum=[ 9 12 15]
mean=[1. 4. 7.]
std=[2.44948974 2.44948974 2.44948974]
var=[0.66666667 0.66666667 0.66666667]
argmin=[0 0 0]
argmax=[2 2 2]
cumsum=[[ 0  1  3]
        [ 3  7 12]
        [ 6 13 21]]
cumprod=[[ 0  1  2]
         [ 0  4 10]
         [ 0 28 80]]
```

2.4.6 排序

NumPy 中提供了各种排序相关功能。这些排序函数实现不同的排序算法，排序算法的不同在于执行速度，最坏情况性能，所需的工作空间和算法的稳定性。

数组排序

1. numpy.sort()排序

numpy.sort()函数返回输入数组的排序副本，格式如下：

```
numpy.sort(a, axis, kind, order)
```

参数说明如下：

① a：要排序的数组。

② axis：沿着它排序数组的轴，如果没有数组会被展开，沿着最后的轴排序。

③ kind：默认为'quicksort'(快速排序)。

④ order：如果数组包含字段，则是要排序的字段。

其中，kind 取值如表 2-19 所示。

表 2-19　排序算法

种　　　类	排 序 算 法	最 坏 情 况
'quicksort'	快速排序	O(n^2)
'mergesort'	归并排序	O(n*log(n))
'heapsort'	堆排序	O(n*log(n))

2. numpy.argsort()排序

numpy.argsort()函数对输入数组沿给定轴执行间接排序，并使用指定排序类型返回数据的索引数组。这个索引数组用于构造排序后的数组。

【示例 2-40】sort 排序。

程序代码：

```
import numpy as np
a=np.array([[2,5,6],[8,6,4],[6,4,9]])
print('a=',a)
print('a 排序(默认最后 1 轴):',np.sort(a))        #沿着最后的轴（第 1 轴）排序
print('a 按照第 0 轴排序: ', np.sort(a,0))        #沿着第 0 轴排序
dt=np.dtype([('sno', 'S10'),('score', 'int8')])
b=np.array([('1908',56),('1902',98),('1903',72),('1909',88),('1906',65)],
dtype=dt)
print('b=',b)
```

```
print(np.sort(b,order='sno'))
c=np.argsort(a)
print('argsort 排序索引: ',c)
print(a[c])
```

输出结果：

```
a=[[2 5 6]
   [8 6 4]
   [6 4 9]]
a 排序(默认最后1轴): [[2 5 6]
                    [4 6 8]
                    [4 6 9]]
a 按照第0轴排序: [[2 4 4]
                [6 5 6]
                [8 6 9]]
b=[(b'1908', 56) (b'1902', 98) (b'1903', 72) (b'1909', 88) (b'1906', 65)]
  [(b'1902', 98) (b'1903', 72) (b'1906', 65) (b'1908', 56) (b'1909', 88)]
argsort 排序索引: [[0 1 2]
 [2 1 0]
 [1 0 2]]
[[[2 5 6]
  [8 6 4]
  [6 4 9]]
 [[6 4 9]
  [8 6 4]
  [2 5 6]]
 [[8 6 4]
  [2 5 6]
  [6 4 9]]]
```

【示例 2-41】argsort 排序。

程序代码：

```
import numpy as np
x=np.array([3, 1, 2])
y=np.argsort(x)
print('y=',y)
print('x=',x)
print('x[y]=',x[y])
```

输出结果：

```
y=[1 2 0]
x=[3 1 2]
x[y]=[1 2 3]
```

2.4.7 搜索

搜索

1. numpy.where()

where()有两种形式：

（1）np.where(condition)

参数只有条件 condition，输出满足条件元素的坐标（索引）。这里的坐标以 tuple 的形式给出，通常原数组有多少维，输出的 tuple 中就包含几个数组，分别对应符合条件元素的各维坐标。

（2）np.where(condition, x, y)

满足条件 condition 输出 x，不满足输出 y。

2．numpy.extract()

numpy.extract()函数返回满足任何条件的元素。

3．numpy.nonzero()

numpy.nonzero()函数返回输入数组中非零元素的索引。

【示例 2-42】搜索。

程序代码：

```
import numpy as np
x=np.arange(9.).reshape(3, 3)
print('我们的数组是: ',x)
print('大于 3 的元素的索引: ',np.where(x > 3))
print('大于 3 的元素: ',x[np.where(x>3)])
print(np.where(x>3,'大','小'))
print('extract()函数，整除 2 的数: ',np.extract(np.mod(x,2)==0,x))
print('nonzero:',np.nonzero(x))
print('x中非零数: ',x[np.nonzero(x)])
```

输出结果：

```
我们的数组是:  [[0. 1. 2.]
 [3. 4. 5.]
 [6. 7. 8.]]
大于 3 的元素的索引:  (array([1, 1, 2, 2, 2], dtype=int64), array([1, 2, 0,
1, 2], dtype=int64))
大于 3 的元素:  [4. 5. 6. 7. 8.]
[['小' '小' '小']
 ['小' '大' '大']
 ['大' '大' '大']]
extract()函数，整除 2 的数:  [0. 2. 4. 6. 8.]
nonzero:  (array([0, 0, 1, 1, 1, 2, 2, 2], dtype=int64), array([1, 2, 0,
1, 2, 0, 1, 2], dtype=int64))
x中非零数:  [1. 2. 3. 4. 5. 6. 7. 8.]
```

2.5 线性代数

数组的运算大多是元素级的，数组相乘的结果是各对应元素的积组成的数组，但是矩阵相乘使用的是点积，NumPy 库提供用于矩阵乘法的 dot()函数。另外，NumPy 库的 linalg 模块来完成具有线性代数运算方法。NumPy 提供的线性代数函数如表 2-20 所示。

表 2-20　线性代数函数

函　　数	描　　述
dot()	两个数组的点积，即元素对应相乘
vdot()	两个向量的点积
det()	数组的行列式
solve()	求解线性矩阵方程
inv()	计算矩阵的乘法逆矩阵

2.5.1　数组相乘

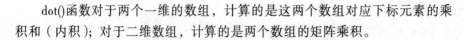

1. dot()函数

dot()函数对于两个一维的数组，计算的是这两个数组对应下标元素的乘积和（内积）；对于二维数组，计算的是两个数组的矩阵乘积。

```
numpy.dot(a, b, out=None)
```

参数说明如下：

① a：ndarray 数组。

② b：ndarray 数组。

③ out：ndarray，可选，用来保存 dot()的计算结果。

2. vdot()函数

vdot()函数是两个向量的点积。如果第一个参数是复数，那么它的共轭复数会用于计算。如果参数是多维数组，它会被展开。

【示例 2-43】数组乘积。

程序代码：

```
import numpy as np
a=np.array([[1,2],[3,4]])
b=np.array([[5,6],[7,8]])
c=np.dot(a,b)
d=np.vdot(a,b)
print('dot=',c)          #矩阵乘积
print('vdot=',d)         #=1*3+2*4+5*7+6*8=70
```

输出结果：

```
dot=[[19 22]
     [43 50]]
vdot=70
```

2.5.2　矩阵行列式

numpy.linalg.det() 函数计算输入矩阵的行列式。

【示例 2-44】求矩阵行列式。

程序代码：

```
import numpy as np
a=np.array([[1,2],[3,4]])
b=np.linalg.det(a)
print(b)
```

输出结果：

```
-2.0000000000000004
```

2.5.3　逆矩阵

numpy.linalg.inv() 函数计算矩阵的乘法逆矩阵。

注意：如果矩阵是奇异的或者非方阵，使用 inv() 函数求逆矩阵，会出现错误。

【示例 2-45】求逆矩阵。

程序代码：

```
import numpy as np
a=np.array([[1,2],[3,4]])
b=np.linalg.inv(a)
print(a)
print(b)
print(np.dot(a,b))                    #验证
```

输出结果：

```
[[1 2]
 [3 4]]
[[-2.  1. ]
 [ 1.5 -0.5]]
[[1.0000000e+00 0.0000000e+00]
 [8.8817842e-16 1.0000000e+00]]
```

2.5.4 线性方程组

线性方程组

numpy.linalg 中的 solve() 函数可以求解线性方程组

线性方程组 $Ax = b$，其中 A 是一个矩阵，b 是一维或者二维数组，而 x 是未知量。

【示例 2-46】求解线性方程。

```
x+y+z=6
2y+5z=-4
2x+5y-z=27
```

程序代码：

```
import numpy as np
A=np.mat("1 1 1;0 2 5; 2 5 -1");
b=np.array([6,-4,27])
x=np.linalg.solve(A,b)
print('方程解: ',x)
print(x.ndim)
print(np.dot(A,x))          # 验证
```

输出结果：

```
方程解:  [ 5.  3. -2.]
1
[[ 6. -4. 27.]]
```

2.5.5 特征值和特征向量

特征值和特
征向量

计算特征值时,可以求助于 numpy.linalg 程序包提供的 eigvals() 函数和 eig() 函数, 其中函数 eigvals() 返回矩阵的特征向量, eig() 函数返回一个元组, 其元素为特征值和特征向量。

【示例 2-47】求特征值和特征向量。

程序代码：

```
import numpy as np
```

```
A=np.mat("1 -1;2 4")
e=np.linalg.eigvals(A)
print('eigvals 特征值: ',e)
e,v=np.linalg.eig(A)
print("eig 特征值; ",e)
print("eig 特征向量; ",v)
# v * np.diag(e) * np.linalg.inv(v) 为原矩阵
d=v*np.diag(e)*np.linalg.inv(v)
print('原矩阵: ',d)                #验证
```

输出结果：

```
eigvals 特征值: [2. 3.]
eig 特征值; [2. 3.]
eig 特征向量; [[-0.70710678  0.4472136 ]
 [ 0.70710678 -0.89442719]]
原矩阵: [[ 1. -1.]
 [ 2.  4.]]
```

2.6　数组的存取

Nunpy 中通过 np.savetxt()函数对数组进行存储；通过 np.loadtxt()函数对存储数组文件进行读取，并将其加载到一个数组中。

【示例 2-48】数组存取。

程序代码：

```
import numpy as np
a=np.arange(6).reshape(2,3)
np.savetxt('1.txt',a)
b=np.loadtxt('1.txt')
print(b)
```

输出结果：

```
[[0. 1. 2.]
 [3. 4. 5.]]
```

 小　结

本章介绍了 NumPy 数组的创建、对象属性和数据类型，数组形状修改、翻转、连接、分割等操作，介绍了数组的索引和切片、数组的运算以及线性代数求解，最后介绍了数组的存取。NumPy 能够对多维度数组进行处理，并且具有很高的效率，是数据分析中处理数据的基础。

 习　题

一、单选题

1. 不是 NumPy 数组创建的函数是（　　）。

    A. array　　　B. ones_like　　　C. eye　　　D. reshape

2. 能够产生正态分布的样本值的函数是（　　）。

    A. rand   B. randint   C. randn   D. seed

3. 求数组转置除了使用 transpose()函数外，还可以使用数据的（　　）属性。

    A. T   B. shape   C. size   D. dtype

二、填空题

1. 分割数组的函数有_____、_____、_____。

2. 求数组的标准差函数是_____，方差函数是_____。

3. 求矩阵特征值和特征向量的函数是_____、_____。

三、简答题

1. 函数 unique()的参数。

2. 数组可以广播的条件。

3. 函数 sort()的排序算法。

四、读程序

1. 以下程序的执行结果是_____。

```
import numpy as np
a=np.arange(12).reshape(2,6)
c=a.ravel()
c[0]=100
print(a)
```

2. 以下程序的执行结果是_____。

```
import numpy as np
a=np.arange(9)
b=np.split(a,3)
print (b)
```

3. 以下程序的执行结果是_____。

```
import numpy as np
a=np.array([[1,2,3],[4,5,6]])
print(np.append(a, [7,8,9]))
print(np.append(a, [[7,8,9]],axis=0))
print(np.append(a, [[5,5,5],[7,8,9]],axis=1))
```

4. 以下程序的执行结果是_____。

```
import numpy as np
a=np.array([5,2,6,2,7,5,6,8,2,9])
u=np.unique(a)
u,indices=np.unique(a, return_index=True)
print(indices)
u,indices=np.unique(a,return_inverse=True)
print(u)
print(indices)
print(u[indices])
u,indices=np.unique(a,return_counts=True)
print(u)
print(indices)
```

5. 以下程序的执行结果是_____。

```
import numpy as np
a=np.array([10,100,1000])
print(np.power(a,2))
b=np.array([1,2,3])
print(np.power(a,b))
```

6. 以下程序的执行结果是_____。

```
import numpy as np
a=np.array([[3,7],[9,1]])
print(np.sort(a))
print(np.sort(a, axis=0))
dt=np.dtype([('name', 'S10'),('age', int)])
a=np.array([("raju",21),("anil",25),("ravi", 17), ("amar",27)], dtype=dt)
print(np.sort(a, order='name'))
```

7. 以下程序的执行结果是_____。

```
import numpy as np
x=np.arange(100).reshape(10, 10)
condition=np.mod(x,2)==0
print(np.extract(condition, x))
```

五、计算题

1. 计算下列行列式。

$$\begin{vmatrix} 1 & 0 & -1 \\ 3 & 5 & 0 \\ 0 & 4 & 1 \end{vmatrix}$$

2. 求下列方阵的逆矩阵。

(1) $\begin{pmatrix} 5 & 2 & 0 & 0 \\ 2 & 1 & 0 & 0 \\ 0 & 0 & 8 & 3 \\ 0 & 0 & 5 & 2 \end{pmatrix}$ (2) $A = \begin{pmatrix} 3 & -1 & 0 \\ -2 & 1 & 1 \\ 2 & -1 & 4 \end{pmatrix}$

3. 求下列线性方程组。

(1) 设 $A = \begin{pmatrix} 4 & 1 & -2 \\ 2 & 2 & 1 \\ 3 & 1 & -1 \end{pmatrix}$, $B = \begin{pmatrix} 1 & -3 \\ 2 & 2 \\ 3 & -1 \end{pmatrix}$, 求 X 使 $AX=B$;

(2) $\begin{cases} x_1 + x_2 + x_3 + x_4 + x_5 = 7 \\ 3x_1 + x_2 + 2x_3 + x_4 - 3x_5 = -2 \\ 2x_2 + x_3 + 2x_4 + 6x_5 = 23 \end{cases}$

4. 求矩阵的特征值和特征向量。

$$A = \begin{pmatrix} 1 & 2 \\ 2 & 1 \end{pmatrix}$$

实　　验

一、实验目的

① 掌握 NumPy 数组的创建、操作。
② 掌握 NumPy 数组的索引和切片。
③ 掌握 NumPy 数组的运算。
④ 掌握 NumPy 数组的线性代数运算。

二、实验内容

① 创建矩阵。
② 索引与切片。
③ 数组操作。
④ 数组运算。
⑤ 线性代数运算。

三、实验过程

① 启动 Jupyter Notebook。
② 创建 Notebook 的 Python 脚本文件。
③ 创建矩阵：

```
import numpy as np;
data=[21,32,43,54]
arr=np.array(data)
print(arr)
data=[[1,2,3],[11,12,13]]
arr=np.array(data)
print(arr)
print(arr.dtype)
a=np.ones([8,4])
print(a)
print(a.ndim,a.shape)
arr=np.arange(32).reshape((8,4))
print(arr)
print(np.arange(10))
print(np.linspace(1,2,3))
print(np.random.rand(2,4))
print(np.random.randint(1,10,4))
a=np.random.rand(4).reshape(2,2)
print(a)
```

④ 索引与切片：

```
arr=np.arange(10)
print(arr[1:3])
```

```
arr=np.arange(10)
arr[5:8]=12
print(arr)
arr=np.arange(10)
arr[5:]=10
print(arr)
arr=np.arange(10)
a=arr[5:8]
a[1]=1514
print(arr)
arr=np.arange(10)
print("arr:",arr)
b=arr.copy()
print("b.copy:",b)
b[2]=100
print("after change:",b)
print("arr:",arr)
arr=np.arange(10)
print("arr:",arr)
c=arr
print("copy",c)
c[2]=100
print("after copy",c)
print("arr:",arr)
arr=np.array([[1,2,3],[4,5,6]])
print(arr[1,1])
print(arr[1][1])
arr=np.arange(1,10).reshape(3,3)
print(arr[:1])
arr=np.arange(1,10).reshape(3,3)
print(arr[1:])
arr=np.arange(1,10).reshape(3,3)
print(arr[:1,:1])
arr=np.arange(1,10).reshape(3,3)
print(arr[:,1:])
```

⑤ 数组操作：

```
t=np.arange(9).reshape([3,3]).T
t1=np.arange(1,10).reshape([3,3])
print(t.dot(t1))
lst1=np.array([1,2,3,4])
lst2=np.array([10,20,30,40])
print(lst1.reshape([2,2]))
print(np.dot(lst1,lst2))
b=np.random.random([1*2])      #[ 0.6778996   0.29006868]
print(b)
b=np.random.random([1]*2)      #[[ 0.09265586]]
print(b)
c=np.arange(16).reshape([2,2,4])
```

```
d=np.transpose(c,[1,0,2])
e=c.T
print(d)
print(e)
a1=np.array([[1,2],[3,4]])
a2=np.array([[5,6],[7,8]])
print(np.hstack([a1,a2]))
a1=np.array([[1,2],[3,4]])
a2=np.array([[5,6],[7,8]])
print(np.vstack([a1,a2]))
```

⑥ 数组运算：

```
print(np.exp([3,1]))
a=np.random.randn(9).reshape([3,3])
print(a)
print(np.where(a>0,1,-1))
a=np.arange(10)
b=a.T
b=np.invert(a)                    #矩阵的逆
a=np.array([[1,2,3],[4,5,6],[7,8,9]])
print(a.cumsum(0))
a=np.array([[1,2,3],[4,5,6],[7,8,9]])
print(a.cumsum(0))
print(a.cumprod(0))
print(a.cumprod(1))
arr=np.random.randn(5,3)
arr.sort(1)
print(arr)
nsteps=1000
draws=np.random.randint(0,2,size=nsteps)
steps=np.where(draws>0,1,-1)
walk=steps.cumsum()
print(walk)
```

⑦ 线性代数运算：

```
import numpy as np
a1=np.array([[1,1,1],[3,1,4],[8,1,5]])
a2=np.linalg.det(a1)
print('行列式: ',a)
b1=np.array([[2,2,-1],[1,-2,4],[5,8,2]])
b2=np.linalg.inv(b1)
print('逆矩阵: ',b2)
print('逆矩阵验证: ',np.dot(b1,b2))
A=np.array([[1,2,3],[2,2,1],[3,4,3]])
B=np.array([[2,5],[3,1],[4,3]])
X=np.linalg.solve(A,B)
print('线性方程组求解: ',X)
print('线性方程组求解验证: ',np.dot(A,X))
c=np.array([[3,-1,1],[2,0,1],[1,-1,2]])
e,v=np.linalg.eig(c)
print('特征值: ',e)
print('特征向量: ',v)
```

第3章
Matplotlib 数据可视化

 学习目标

- 掌握线形图的绘制，熟悉线形图的线的颜色、线型、坐标点、线宽设置。
- 掌握散点图、柱状图、条形图、饼图、直方图、箱线图的绘制。
- 掌握图例、坐标网格、坐标系、样式的设置，了解样式和 Rc 设置，熟悉文本注解。
- 掌握子图的绘制，熟悉子图坐标系的设置，了解图形嵌套。
- 熟悉三维图形的绘制。

引言

数据可视化是形象展示数据的主要手段，也是数据分析的重要组成部分。Matplotlib 是一个基于 Python 的图形可视化工具，支持多种图形的绘制，并支持完整的图标样式和个性化设置，功能强大且易学易用。

3.1 线形图

3.1.1 绘制线形图

 绘制线形图

线形图是最基本的图表类型，常用于绘制连续的数据。通过绘制线形图，可以表现出数据的一种趋势变化。Matplotlib 的 plot()函数用来绘制线形图，其格式如下：

```
matplotlib.pyplot.plot(*args, **kwargs):
```

args 是一个可变长度参数，允许使用可选格式字符串的多个 x、y 对，并且 x 可以省略。当 x 省略时，通过 y 的索引 0, 1,···,n-1 作为 x。

kwargs 参数也是一个可变长度参数，允许对线形图的显示效果进行设置。

【示例 3-1】plot 线形图绘制。

程序代码：

```
%matplotlib inline
import numpy as np
import matplotlib.pyplot as plt
x=np.linspace(-np.pi,np.pi,250)
y,z=np.sin(x),np.cos(x)
```

```
plt.plot(x,y,x,z)
plt.plot([0.5,1,-0.5,1])
```

输出图形如图 3-1 所示。

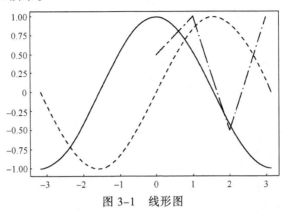

图 3-1　线形图

程序分析：

① %matplotlib inline 的作用是在 Jupyter Notebook 中显示图形，使用其他开发工具，这行代码可以不要。

② import matplotlib.pyplot as plt 的作用是导入 matplotlib 的 pyplot 模块。

③ x=np.linspace(-np.pi,np.pi,250)的作用是生成一个由 250 个浮点数组成的数组。

④ y,z=np.sin(x),np.cos(x)的作用是计算出数组的正弦、余弦值，并赋值给 y 和 z 变量。

⑤ plt.plot(x,y,x,z)绘制两条曲线，分别是正弦和余弦曲线。

⑥ plt.plot([0.5,1,-0.5,1])绘制线形图，其中 y 轴的值是[0.5,1,-0.5,1]，而 x 轴的值是[0, 1, 2, 3]，即数组[0.5,1,-0.5,1]的索引。

3.1.2　颜色设置

在没有设置线的颜色时，Matplotlib 会自动给线形图设置线的颜色，当然还可以通过参数设置线的颜色。plot()函数用参数 color 设置曲线的颜色，color 的值有多种指定方式。

1．RGB 或者 RGBA 模式

颜色设置

由[0, 1]之间的浮点数组成的元组表示，如(0.5, 0.3, 0.6)或(0.5,0.5, 0.6, 0.2)。也可以由十六进制的字符串表示，如'#639a7e'或'#639a7ec'。

2．灰度方式

由[0, 1]之间的浮点数的字符串表示，如'0.3'。

3．纯色

纯色可以使用简称或全称，简称为'b'、'g'、'r'、'c'、'm'、'y'、'k'、'w'；全称为 blue、green、red、cyan、magenta、yellow、black、white。

Matplotlib 中只要用到颜色，都可以使用上述色彩表达方法。

【示例 3-2】线的颜色设置。

程序代码：

```
%matplotlib inline
import numpy as np
```

```
import matplotlib.pyplot as plt
x=np.linspace(-np.pi,np.pi,250)
y,z=np.sin(x),np.cos(x)
plt.plot(x,y,color='#66ff99')
plt.plot(x,z,color=(0.9, 0.2, 0.1))
```

输出图形如图 3-2 所示。

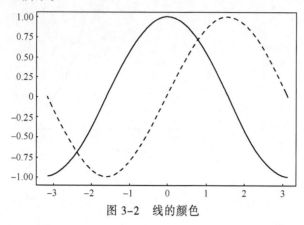

图 3-2　线的颜色

注意：本书是黑白印刷，无法正常显示线的颜色，读者需要自己运行程序观看效果。

程序分析：

① plt.plot(x,y,color='#66ff99')通过 RGB 的十六进制方式设置线的颜色。

② plt.plot(x,z,color=(0.9, 0.2, 0.1))通过浮点数设置线的颜色。

线型设置

3.1.3　线型设置

线型是指线的样式，常见的有实线、虚线等。plot()函数通过 linestyle 参数来确定线的样式，常见线型如表 3-1 所示。

表 3-1　常用的线型

名称	solid	dashed	dashdot	dotted
符号	-	--	-.	:
样式	──	-------	-.-.-.-	....

【示例 3-3】线型设置。

程序代码：

```
%matplotlib inline
import numpy as np
import matplotlib.pyplot as plt
x=np.linspace(-np.pi,np.pi,250)
y,z=np.sin(x),np.cos(x)
plt.plot(x,y,linestyle='--')
plt.plot(x,z,linestyle='-.')
```

输出图形如图 3-3 所示。

程序分析：

① plt.plot(x,y,linestyle='--')采用 dashed 线型绘制线形图。

② plt.plot(x,z,linestyle='-.')采用 dashdot 线型绘制线形图。

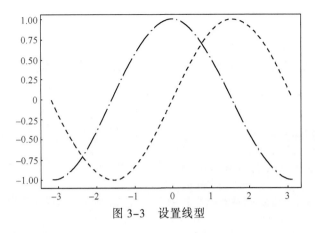

图 3-3　设置线型

3.1.4　坐标点设置

坐标点设置

任何曲线都是根据坐标点而来的，而坐标点通过 marker、markersize、markerfacecolor 和 markevery 等参数设置。

① 参数 marker 设置坐标点的形状，其形状的主要取值如表 3-2 所示。

表 3-2　坐标点形状主要取值

Marker 取值	描　　　述
.	point
,	pixel
o	circle
v	triangle_down
^	triangle_up
<	triangle_left
>	triangle_right
1	tri_down
2	tri_up
3	tri_left
4	tri_right
8	octagon
s	square
p	pentagon
P	plus (filled)
*	star
h	hexagon1
H	hexagon2
+	plus
x	x
X	x (filled)
D	diamond
d	thin_diamond
_	hline

② 参数 markersize 指定坐标点的大小。

③ 参数 arkerfaceclolr 指定坐标点的颜色。

④ 参数 markervery 是一个数组，指定使用规定效果来标记的坐标点。

【示例 3-4】设置坐标点。

程序代码：

```
%matplotlib inline
import numpy as np
import matplotlib.pyplot as plt
x=np.linspace(-np.pi,np.pi,25)
y,z=np.sin(x),np.cos(x)
plt.plot(x,y,marker='D',markersize=6,markerfacecolor='m')
plt.plot(x,z,marker='o',markersize=12,markerfacecolor='b',markevery=[3
,6,10,24])
```

输出图形如图 3-4 所示。

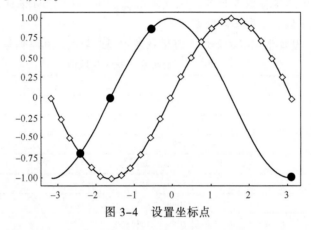

图 3-4　设置坐标点

程序分析：

① plt.plot(x,y,marker='D',markersize=6,markerfacecolor='m')设置坐标点形状、大小和颜色。

② plt.plot(x,z,marker='o',markersize=12,markerfacecolor='b',markevery=[3,6,10,24]) 指 定 了余弦曲线中只有第 3、6、10、24 个点采用设置坐标点形状、大小和颜色。

【示例 3-5】少量坐标点绘图。

程序代码：

```
%matplotlib inline
import numpy as np
import matplotlib.pyplot as plt
x=np.linspace(-np.pi,np.pi,5)
y,z=np.sin(x),np.cos(x)
plt.plot(x,y,marker='D')
plt.plot(x,z,marker='o')
```

输出图形如图 3-5 所示。

程序分析：x = np.linspace(–np.pi,np.pi,5)生成了一个只有 5 个元素的数组，因此函数 plot() 使用 5 个点绘制正弦余弦曲线，效果明显不佳，这说明线的平滑程度取决于点的多少，为了显示平滑曲线，需要设置足够多的坐标点。

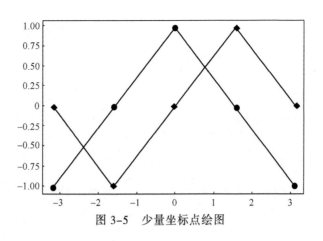

图 3-5　少量坐标点绘图

3.1.5　线宽设置

plot()函数使用 linewidth 参数设置线宽，其取值可以是整数或浮点数。

【示例 3-6】线宽设置。

程序代码：

```
%matplotlib inline
import numpy as np
import matplotlib.pyplot as plt
x=np.linspace(-np.pi,np.pi,25)
y,z=np.sin(x),np.cos(x)
plt.plot(x,y,marker='D',linewidth=1)
plt.plot(x,z,marker='o',linewidth=5)
```

输出图形如图 3-6 所示。

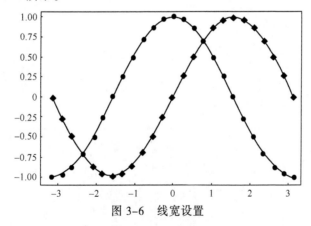

图 3-6　线宽设置

3.2　其他图形

3.2.1　散点图

散点图是指数据点在直角坐标系平面上的分布图，表示因变量随自变量而变化的大致趋势。画散点图的目的，除了能够把数据比较直观地用图像表达出来外，更方便我们通过视觉观察这些数据的分布规律。

在 Matplotlib 中使用 scatter() 函数绘制散点图，其格式如下：

```
plt.scatter(x, y, s=None, c=None, marker=None, cmap=None, norm=None, v
min=None, vmax=None, alpha=None, linewidths=None, verts=None, edgecolors=
None, hold=None, data=None, **kwargs)
```

其中参数如表 3-3 所示。

表 3-3   scatter()函数参数

参　　　数	描　　　述
x, y	数据源
s	标记的大小
c	标记颜色,默认为黑色
marker	标记的风格
cmap	颜色模式,默认为 rc image.cmap
Normalize	归一化相关
vmin, vmax	规范最大值和最小值的显示模式
alpha	0 透明,1 不透明
linewidths	标记边缘线的宽度,默认为无
verts　sequence	marker 为 None 时,使用这些点做标记
edgecolors	标记的边缘颜色

【示例 3-7】绘制散点图。

程序代码：

```
%matplotlib inline
import matplotlib.pyplot as plt
import numpy as np
x=np.random.randn(500)
y=np.random.randn(500)
plt.scatter(x,y)
```

输出图形如图 3-7 所示。

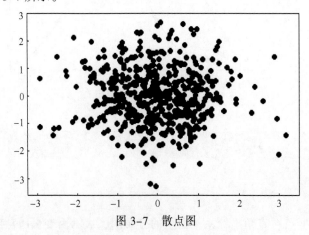

图 3-7   散点图

【示例 3-8】设置 scatter() 的参数。

程序代码：

```
%matplotlib inline
import matplotlib.pyplot as plt
import numpy as np
x=np.random.randn(500)
y=np.random.randn(500)
plt.scatter(x,y,c='red',marker='D',s=4,alpha=0.3)
```

输出图形如图 3-8 所示。

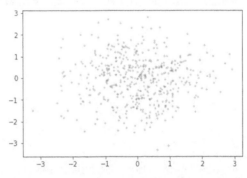

图 3-8　设置 scatter 参数的显示效果

3.2.2　柱形图

绘制柱形图

柱形图是一种常见的统计图，它也有很多具体形态，在 Matplotlib 中绘制柱形图的函数是 bar()，它通过参数来确定图的形态。

```
plt.bar(left, height, width=0.8, bottom=None, hold=None,
data=None, **kwargs)
```

下面通过示例讲解各参数的具体用途。

柱形图中"柱子"的基本位置和长、宽，是由 left、height、width、bottom 确定的。

① left：默认情况下，其值是"柱子"竖直中线的位置，每个"柱子"的竖直中线依次在 position 所在的位置。

② height："柱子"的高度，也可以将 left=position 理解为 X 轴的数据，height 则为相应的 Y 轴的数据。

③ width=0.8 "柱子"的宽度，默认是 0.8。

④ bottom："柱子"底部与 X 轴的距离，默认为 None，即距离都为 0。

【示例 3-9】绘制基本柱形图。

程序代码：

```
%matplotlib inline
import numpy as np
import matplotlib.pyplot as plt
x=np.arange(1,6)
y=[12, 23, 18, 5, 21]
plt.bar(x,y) #相当于left=x,height=y
```

输出图形如图 3-9 所示。

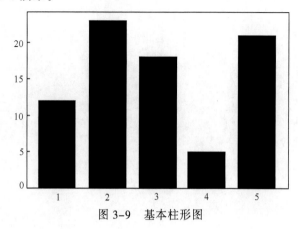

图 3-9　基本柱形图

【示例 3-10】设置柱形图参数。

程序代码：

```
%matplotlib inline
import numpy as np
import matplotlib.pyplot as plt
x=np.array([2013,2014,2015,2016,2017,2018,2019])
y=np.array([20000,32000,35000,58000,45000,55000,66000])
plt.bar(x,y,width=0.4,color='gbr',edgecolor='#000000',linestyle='--',l
inewidth=2)
```

输出图形如图 3-10 所示。

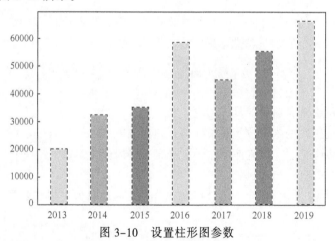

图 3-10　设置柱形图参数

对比两个柱
状图

【示例 3-11】绘制两个柱状图。

程序代码：

```
%matplotlib inline
import numpy as np
import matplotlib.pyplot as plt
x=np.array([2013,2014,2015,2016,2017,2018,2019])
y=np.array([20000,32000,35000,58000,45000,55000,66000])
z=np.array([10000,24000,30000,28000,5200,51000,60000])
plt.rcParams['font.sans-serif']=['SimHei']#黑体字体
plt.rcParams['font.serif']=['SimHei']
```

```
plt.rcParams['axes.unicode minus']=False # 解决保存图像是负号'-'显示为方块的
                                            问题,或者转换负号为字符串
plt.bar(x,y,width=0.4,color='r',label='a 公司收入')
plt.bar(x,z,width=0.4,color='b',label='b 公司收入')
plt.legend(loc=0)
```

输出图形如图 3-11 所示。

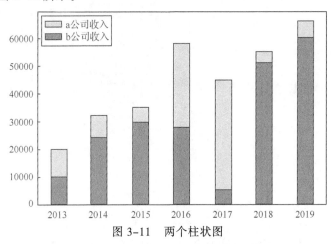

图 3-11　两个柱状图

程序分析:

① 两条 plt.bar 语句绘制了两个柱形图,因为在同一个坐标系,因此两个柱形图重叠了一部分。

② plt.rcParams 语句是为了设置字体以及坐标刻度中的负号显示效果。

3.2.3　条形图

绘制条形图

条形图使用函数 barh()绘制,其格式如下所示:

```
matplotlib.pyplot.barh(bottom,      width,      height=0.8,
left=None, hold=None, **kwargs)
```

参数说明如下:

① bottom:标量或者数组,条形图的 Y 坐标。

② width:标量或者数组,条形图宽度。

③ height:标量序列,可选参数,默认值为 0.8,条形图的高度。

④ left:标量序列,条形图左边的 X 坐标。

返回值:matplotlib.patches.Rectangle 实例。

【示例 3-12】绘制条形图。

程序代码:

```
%matplotlib inline
import matplotlib.pyplot as plt
import numpy as np
position=np.arange(1, 6)
a=np.random.random(5)
b=np.random.random(5)
plt.barh(position, a, color='b', label='a')
```

```
plt.barh(position, -b, color='r', label='b')
plt.legend(loc=1)
```

输出图形如图 3-12 所示。

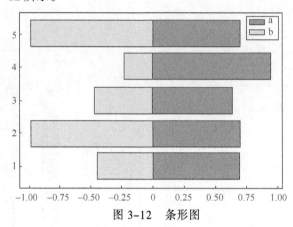

图 3-12　条形图

绘制饼图

3.2.4　饼图

饼图显示一个数据系列中各项的大小与各项总和的比例。在 Maplotib 中使用 pie()函数绘制饼图，其形式如下：

```
plt.pie(x, explode=None, labels=None, colors=None, autopct=None, pctdistance=
0.6,shadows=False, labeldistance=1.1, startangle=None, radius=None, counter-
clock=True,wedsepropse=None, textprops=None, centers(0, 0), frame=False, hold=
None, data=None)
```

参数说明如下：

① x：数据源。

② explode：扇面的偏离，其值为浮点数。例如，explode 是 0.1，则表示扇面偏离 0.1，0 表示不偏离。

③ labels：为每个"扇面"设置说明文字。

④ colors：为每个"扇面"设置颜色。

⑤ autopct：按照规定格式在每个"扇面"上显示百分比。

⑥ shadow：是否有阴影。

⑦ startangle：第一个"扇形"开始的角度，然后默认依逆时针旋转。

⑧ radius：半径大小。

【示例 3-13】绘制饼图。

程序代码：

```
%matplotlib inline
import matplotlib.pyplot as plt
x=[12, 23, 18,16]
plt.rcParams['font.sans-serif']=['SimHei']          #黑体字体
plt.rcParams['font.serif']=['SimHei']
labels=['张三','李四','王五','马六']
plt.pie(x,labels=labels)
```

输出图形如图 3-13 所示。

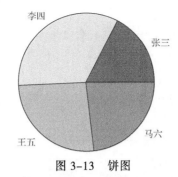

图 3-13　饼图

【示例 3-14】设置饼图显示。

程序代码：

```
%matplotlib inline
import matplotlib.pyplot as plt
x=[12, 23, 18,16]
plt.rcParams['font.sans-serif']=['SimHei']              #黑体字体
plt.rcParams['font.serif']=['SimHei']
labels=['张三','李四','王五','马六']
colors=['red', 'yellow','blue','green']
explode=(0, 0.1, 0, 0)
plt.pie(x, explode=explode, labels=labels, colors=colors, autopct='%1.1f%%',
shadow=True, startangle=90, radius=1.5)
```

输出图形如图 3-14 所示。

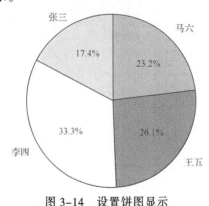

图 3-14　设置饼图显示

3.2.5　直方图

绘制直方图

直方图定义形式上是一个个的长条形，用长条形的面积表示频数，所以长条形的高度表示频数/组距，宽度表示组距，其长度和宽度均有意义。当宽度相同时，一般就用长条形长度表示频数。在 Matplotlib 中使用 hist() 函数实现直方图的绘制，其格式如下：

```
plt.hist(x, bins=None, range=None, normed=False, weights=None, cumulative=
False, align='mid', orientation'vertical', rwidthNone, histtype='bar'bottom=
None, log=False, color=None, label=None, stacked=false, hold=None, data=None,
**wargs)
```

参数说明如下：

① data：必选参数，绘图数据。

② bins：直方图的长条形数目，可选项，默认为 10。

③ normed：是否将得到的直方图向量归一化，可选项，默认为 0，代表不归一化，显示频数。normed=1，表示归一化，显示频率。

④ wargs：facecolor——长条形的颜色；edgecolor——长条形边框的颜色；alpha——透明度。

【示例 3-15】绘制直方图。

程序代码：

```
%matplotlib inline
import matplotlib.pyplot as plt
import numpy as np
import matplotlib
matplotlib.rcParams['font.sans-serif']=['SimHei']          # 用黑体显示中文
matplotlib.rcParams['axes.unicode_minus']=False            # 正常显示负号
data=np.random.randn(10000)
plt.hist(data)
plt.show()
```

输出图形如图 3-15 所示。

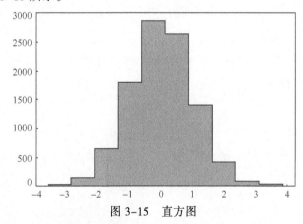

图 3-15 直方图

【示例 3-16】设置直方图参数。

程序代码：

```
%matplotlib inline
import matplotlib.pyplot as plt
import numpy as np
import matplotlib
matplotlib.rcParams['font.sans-serif']=['SimHei']
matplotlib.rcParams['axes.unicode_minus']=False
data=np.random.randn(10000)
plt.hist(data, bins=40, normed=0, facecolor="blue", edgecolor="black",
alpha=0.7)
plt.xlabel("区间")
plt.ylabel("频数/频率")
plt.title("频数/频率分布直方图")
plt.show()
```

输出图形如图 3-16 所示。

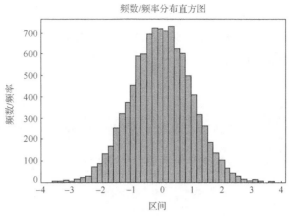

图 3-16　设置直方图显示

3.2.6　箱线图

箱线图也称盒式图、盒状图、箱形图等，是数据大小、占比、趋势等的呈现，包含一些统计学的均值、分位数、极值等统计量。因此，该图不仅能够分析不同类别数据平均水平差异，还能揭示数据间离散程度、异常值、分布差异等。

箱线图使用 hist()函数绘制，其格式如下所示。

```
matplotlib.pyplot.hist(x, bins=None, range=None, normed=False, weights
=None, cumulative=False, bottom=None, histtype='bar', align='mid', orienta
tion='vertical', rwidth=None, log=False, color=None, label=None, stacked=F
alse, hold=None, data=None, **kwargs)
```

参数说明如下：

① x：指定要绘制箱线图的数据。

② kwargs：相关内容如下：

- notch：是否是凹口的形式展现箱线图，默认非凹口。
- sym：指定异常点的形状，默认为"+"号显示。
- vert：是否需要将箱线图垂直摆放，默认垂直摆放。
- whis：指定上下边缘与上下四分位的距离，默认为 1.5 倍的四分位差。
- positions：指定箱线图的位置，默认为[0,1,2...]。
- widths：指定箱线图的宽度，默认为 0.5。
- patch_artist：是否填充箱体的颜色。
- meanline：是否用线的形式表示均值，默认用点来表示。
- showmeans：是否显示均值，默认不显示。
- showcaps：是否显示箱线图顶端和末端的两条线，默认显示。
- showbox：是否显示箱线图的箱体，默认显示。
- showfliers：是否显示异常值，默认显示。
- boxprops：设置箱体的属性，如边框色、填充色等。
- filerprops：设置异常值的属性，如异常点的形状、大小、填充色等。
- medianprops：设置中位数的属性，如线的类型、粗细等。
- meanprops：设置均值的属性，如点的大小、颜色等。

- capprops：设置箱线图顶端和末端线条的属性，如颜色、粗细等。
- whiskerprops：设置须的属性，如颜色、粗细、线的类型等。

【示例 3-17】绘制箱线图。

程序代码：

```
import numpy as np
import matplotlib.pyplot as plt
import pandas as pd
data=np.random.rand(10,4)
plt.boxplot(data)
plt.show()
```

输出图形如图 3-17 所示。

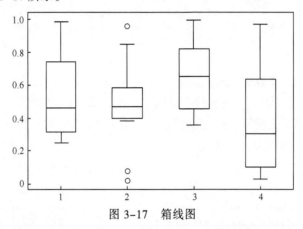

图 3-17　箱线图

【示例 3-18】设置箱线图。

程序代码：

```
import numpy as np
import matplotlib.pyplot as plt
import pandas as pd
data=np.random.rand(10,4)
plt.boxplot(data,vert=False,patch_artist=True,meanline=False,showmeans
=True)
plt.show()
```

输出图形如图 3-18 所示。

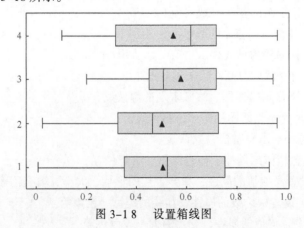

图 3-1 8　设置箱线图

3.3 自定义设置

3.3.1 图例设置

多个图形绘制在一个坐标系内时，可以使用图例进行标注和区分，函数 legend()用来显示图例，其函数格式如下：

```
matplotlib.pyplot.legend(*args, **kwargs)
```

legend 涉及的参数说明如下：

① loc：图例所有 figure 位置。

② fontsize：字号大小。

③ markerscale：图例标记与原始标记的相对大小。

④ edgecolor：图例框的边界颜色。

⑤ facecolor：图例框的颜色。

其中最重要的参数是 loc，通过参数 loc 来确定图例的位置，表 3-4 中就是这个参数可选的值，可以使用字符串(loc–upper right)，也可以使用编号。

表 3-4　图例位置名称和编号

名　　称	编　　号	名　　称	编　　号
best	0	center left	6
upper right	1	center right	7
upper left	2	lower center	8
lower left	3	upper center	9
lower right	4	center	10
right	5		

【示例 3-19】设置图例。

程序代码：

```
%matplotlib inline
import numpy as np
import matplotlib.pyplot as plt
x=np.linspace(0,2*np.pi,200)
y1=np.sin(x)
y2=np.cos(x)
y3=np.sqrt(x)
plt.plot(x, y1, '--', label='sin')
plt.plot(x, y2, 'r:', label='cos')
plt.plot(x, y3, 'b-', label='sqrt')
plt.legend(loc='upper left',fontsize=12, edgecolor='r',facecolor='g')
```

输出图形如图 3-19 所示。

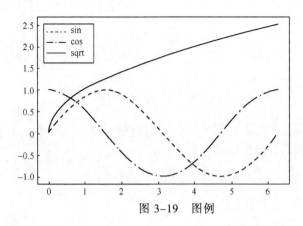

图 3-19 图例

3.3.2 坐标网格设置

坐标网格设置

坐标系中的网格有助于观察点的坐标数值,显示坐标网格的函数是 grid()
函数,其部分参数如表 3-5 所示。

表 3-5 grid()部分参数

参　数	说　明
axis	默认 axis='both',还可以设置为'x'或者'y',分别表示表格线是垂直于 x 轴还是垂直于 y 轴
color	设置表格线的颜色
linestyle	设置表格线的线形,例如 linestyle=='-'
linewidth	设置表格线的宽度,例如 linewidth=2

【示例 3-20】设置网格。

程序代码:

```
%matplotlib inline
import numpy as np
import matplotlib.pyplot as plt
x=np.linspace(0,2*np.pi,200)
y1=np.sin(x)
y2=np.cos(x)
plt.plot(x, y1, '--', label='sin')
plt.plot(x, y2, 'r:', label='cos')
plt.grid(color='g',linestyle='-',linewidth=2)
```

输出图形如图 3-20 所示。

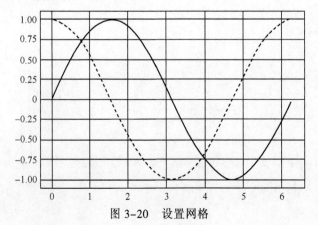

图 3-20 设置网格

3.3.3 坐标系设置

画布上可以添加标题、坐标轴名称、坐标轴刻度等，函数如表 3-6 所示。

表 3-6 坐标系设置函数

函　　数	描　　述
title	添加标题
xlabel	添加 x 轴名称
ylabel	添加 y 轴名称
xlim	指定 x 轴范围，是一个区间
ylim	指定 y 轴范围，是一个区间
xticks	指定 x 轴的数目与取值
yticks	指定 y 轴的数目与取值

【示例 3-21】设置坐标系。

程序代码：

```
%matplotlib inline
import numpy as np
import matplotlib.pyplot as plt
x=np.linspace(0,2*np.pi,200)
y1=np.sin(x)
y2=np.cos(x)
plt.plot(x, y1, '--', label='sin')
plt.title('正弦函数图形',fontproperties='SimHei')
plt.xlabel('x 轴',fontproperties='SimHei')
plt.ylabel('y 轴',fontproperties='SimHei')
plt.xlim([-np.pi, 2*np.pi])
plt.ylim([-2, 2])
plt.xticks([-3,-2,-1,1,0,1,2,3,6])
plt.yticks([-1,0,1,2])
```

输出图形如图 3-21 所示。

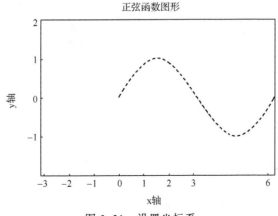

图 3-21　设置坐标系

3.3.4 样式设置与注解

样式设置

1. 样式

Matplotlib 提供了多种绘制图形的样式，可以通过 plt.style.available 查看支持的样式，通常支持的样式有 ['bmh', 'classic', 'dark_background', 'fast', 'fivethirtyeight', 'ggplot', 'grayscale', 'seaborn-bright', 'seaborn-colorblind', 'seaborn-dark-palette', 'seaborn-dark', 'seaborn-darkgrid', 'seaborn-deep', 'seaborn-muted', 'seaborn-notebook', 'seaborn-paper', 'seaborn-pastel', 'seaborn- poster', 'seaborn-talk', 'seaborn-ticks', 'seaborn-white', 'seaborn-whitegrid', 'seaborn', 'Solarize_ Light2', 'tableau-colorblind10', '_classic_test']。

Matplotlib 通过 plt.sytle.use()函数修改样式，参数是支持的样式。default 用于恢复到默认设置的样式。

【示例 3-22】设置样式。

程序代码：

```
%matplotlib inline
import matplotlib.pyplot as plt
import numpy as np
x=np.linspace(0,2*np.pi,200)
plt.style.use('ggplot')
plt.subplot(2,2,1)
plt.plot(x,np.sin(x))
plt.style.use('default')
plt.subplot(2,2,2)
plt.plot(x,np.cos(x))
plt.show()
```

输出图形如图 3-22 所示。

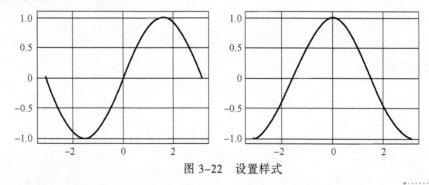

图 3-22　设置样式

2. 文本注解

（1）在任意位置增加文本

```
plt.text(横坐标, 纵坐标, '显示文字')
```

（2）在图形中增加带箭头的注解

```
plt.annotate('文字',xy=(箭头坐标),xytext=(文字坐标),arrowprops=dict
(facecolor='箭头颜色'))
```

【示例 3-23】添加注解。

程序代码：

```
%matplotlib inline
import matplotlib.pyplot as plt
import numpy as np
x=np.linspace(-2*np.pi,2*np.pi,200)
plt.plot(x,np.sin(x))
plt.text(np.pi/2,1,'最大值',fontproperties='SimHei')
plt.annotate('最 小 值',(-np.pi/2,-1),(-np.pi/2,-0.5),fontproperties=
'SimHei', arrowprops=dict(facecolor='black', shrink=0.05))
plt.show()
```

输出图形如图 3-23 所示。

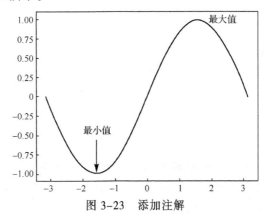

图 3-23　添加注解

3.3.5　Rc 设置

Pyplot 使用 Rc 配置文件来自定义图形的各种默认属性，因此可以通过设置 Rc 参数修改图形的属性，比如线宽、线条样式、坐标轴、字体等。

注意：Rc 参数设置的配置文件，所以设置后的图形绘制都会改变，与通过函数参数设置只改变当前一个作图不同。

Rc 设置

【示例 3-24】设置 Rc 参数。

程序代码：

```
%matplotlib inline
import matplotlib.pyplot as plt
import numpy as np
import matplotlib.pyplot as plt
x=np.linspace(0,2*np.pi,25)
y1=np.sin(x)
y2=np.cos(x)
y3=np.sqrt(x)
plt.rcParams['font.sans-serif']='SimHei'
plt.rcParams['axes.unicode_minus']=False
plt.rcParams['lines.marker']='D'
plt.plot(x, y1, label='正弦')
plt.plot(x, y2, 'r:', label='余弦')
plt.plot(x, y3, 'b-', label='算术平方根')
plt.legend(loc=0,fontsize=12, edgecolor='r',facecolor='g')
```

输出图形如图 3-24 所示。

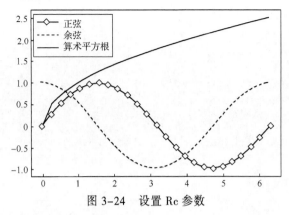

图 3-24　设置 Rc 参数

3.4　子图

创建子图

3.4.1　创建子图

1. subplot()函数

subplot(nrows, ncols, plot_number)函数创建子图，其中参数 nrows、ncols 表示行数和列数，决定了子图的个数；plot_number 表示当前是第几个子图。

【示例 3-25】利用 figure()函数创建子图。

程序代码：

```
%matplotlib inline
import numpy as np
import matplotlib.pyplot as plt
x=np.linspace(-np.pi,np.pi,50)
y1,y2=np.sin(x),np.cos(x)
fig=plt.figure(figsize=(5,2))
plt.plot(x,y1)
fig=plt.figure(figsize=(5,2))
plt.plot(x,y2)
```

输出图形如图 3-25 所示。

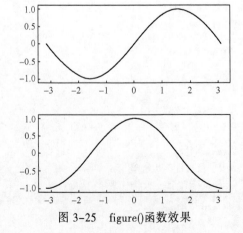

图 3-25　figure()函数效果

【示例 3-26】利用 subplot()函数创建子图。

程序代码：

```
%matplotlib inline
import numpy as np
import matplotlib.pyplot as plt
x=np.linspace(-np.pi,np.pi,50)
y1,y2,y3,y4=np.sin(x),np.cos(x),np.tan(x),np.power(x,2)
plt.subplot(2,2,1)
plt.plot(x,y1)
plt.subplot(2,2,2)
plt.plot(x,y2)
plt.subplot(2,2,3)
plt.plot(x,y3)
plt.subplot(2,2,4)
plt.plot(x,y4)
plt.show()
```

输出图形如图 3-26 所示。

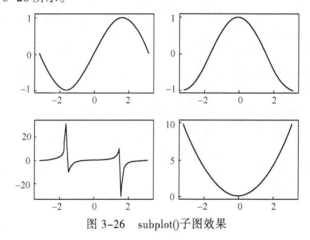

图 3-26　subplot()子图效果

2. subplots()函数

plt.subplots(nrows=1, ncols=1, sharex=False, sharey=False, squeeze=True, subplot_kw= None, gridspec_kw=None,**fig_kw)函数，其中参数 nrows 和 ncols 表示将画布分割成几行几列；sharex 和 sharey 表示坐标轴的属性是否相同。

【示例 3-27】利用 subplots()函数创建子图。

程序代码：

```
%matplotlib inline
import numpy as np
import matplotlib.pyplot as plt
x=np.linspace(-np.pi,np.pi,50)
y1,y2,y3,y4=np.sin(x),np.cos(x),np.tan(x),np.power(x,2)
fig,ax=plt.subplots(2,2)
ax[0,0].plot(x,y1)
ax[0,1].plot(x,y2)
ax[1,0].plot(x,y3)
ax[1,1].plot(x,y4)
```

输出图形如图 3-27 所示。

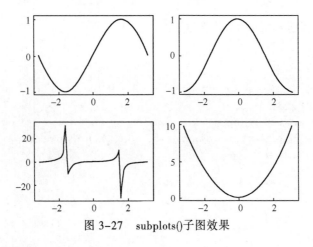

图 3-27　subplots()子图效果

子图坐标系设置

3.4.2　子图坐标系设置

设置子图坐标系的函数如表 3-7 所示。

表 3-7　子图坐标系的函数

函　　数	描　　述
set_title	添加标题
set_xlabel	添加 x 轴名称
set_ylabel	添加 y 轴名称
set_xlim	指定 x 轴范围，是一个区间
set_ylim	指定 y 轴范围，是一个区间
set_xticks	指定 x 轴的数目与取值
set_yticks	指定 y 轴的数目与取值

【示例 3-28】设置子图坐标。

程序代码：

```
%matplotlib inline
import numpy as np
import matplotlib.pyplot as plt
x=np.linspace(-np.pi,np.pi,50)
y1,y2,y3=np.sin(x),np.cos(x),np.tan(x)
fig,ax=plt.subplots(1,2)
axes=ax[0]
axes.plot(x,y1,label='sin')
axes.set_xlabel('x轴',fontproperties='SimHei')
axes.set_ylabel('y轴',fontproperties='SimHei')
axes.set_title('正弦函数',fontproperties='SimHei')
axes.text(0,0, '正弦曲线',fontproperties='SimHei')
axes.set_xlim(-np.pi,np.pi)
axes.set_ylim(-1,1)
axes.set_xticks([-np.pi,np.pi])
axes.set_yticks([-1,0,1])
axes.plot(x,y2,label='cos')
axes.legend()
axes=ax[1]
```

```
axes.plot(x,y3,'r*--')
axes.set_title('正切弦函数',fontproperties='SimHei')
```

输出图形如图 3-28 所示。

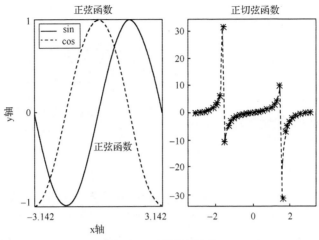

图 3-28　子图坐标系

3.4.3　图形嵌套

在坐标系内绘制新的坐标系，称作坐标系嵌套或图形嵌套，图形嵌套函数主要有两个：

```
add_axes([left, bottom, weight, height])
plt.axes([bottom, left, width, height])
```

其中，left、bottom、weight、height 是新坐标系在原坐标系的位置。

【示例 3-29】图形嵌套。

程序代码：

```
%matplotlib inline
import matplotlib.pyplot as plt
import numpy as np
fig=plt.figure()
x=np.linspace(1,4*np.pi,100)
left, bottom, width, height=0.1, 0.1, 0.8, 0.8
ax1=fig.add_axes([left, bottom, width, height]) #添加坐标系
ax1.plot(x, np.power(x,2), 'r')
ax1.set_title('power')
left, bottom, width, height=0.2, 0.6, 0.25, 0.25
ax2=fig.add_axes([left, bottom, width, height])
ax2.plot(x, np.sqrt(x), 'g')
ax2.set_title('sqrt')
plt.axes([bottom, left, width, height]) #添加坐标系
plt.plot(x, np.sin(x), 'b')
plt.title('sin')
plt.show()
```

输出图形如图 3-29 所示。

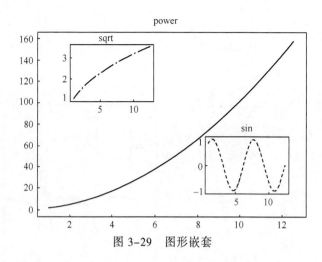

图 3-29　图形嵌套

3.5　绘制三维图形

三维图形的绘制使用 Matplotlib 的 mplot3d 模块实现，该模块随着 Matplotlib 的安装一起被安装。

1. 三维曲线图

三维曲线是三维空间中的曲线，在数学中通常使用方程组表示，通常使用 ax.plot3D(x,y,z,c)函数实现。其中，参数 x、y、z 表示数据，参数 c 设置曲线颜色。

【示例 3-30】绘制三维曲线。

程序代码：

```
%matplotlib inline
import numpy as np
import pandas as pd
import matplotlib.pyplot as plt
from mpl_toolkits import mplot3d
#fig=plt.figure()
ax=plt.axes (projection='3d')
x=np.linspace (0, 40, 1000)
y=np.sin(x)
z=np.cos(x)
ax.plot3D(x, y, z,c='blue')
```

绘制三维曲线图

输出图形如图 3-30 所示。

2. 三维散点图

三维散点图是三维空间中的散点图，使用 ax.scatter(x,y,z,c)绘制。

【示例 3-31】绘制三维散点图。

程序代码：

绘制三维散点图

```
%matplotlib inline
import numpy as np
import pandas as pd
```

```
import matplotlib.pyplot as plt
from mpl_toolkits import mplot3d
#fig=plt.figure()
ax=plt.axes(projection='3d')
x,y,z=np.random.random(500),np.random.random(500),np.random.random(500)
ax.scatter(x, y, z)
```

输出图形如图 3-31 所示。

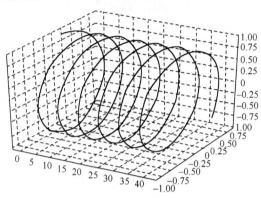

图 3-30　三维曲线图

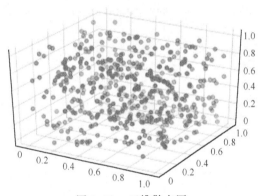

图 3-31　三维散点图

3. 曲面图

绘制曲面图

使用 ax.plot_surface(X, Y, Z, rstride=1, cstride=1, cmap='rainbow') 绘制曲面图。

【示例 3-32】绘制曲面图。

程序代码：

```
%matplotlib inline
import numpy as np
import matplotlib.pyplot as plt
fig=plt.figure()
ax=Axes3D(fig)
X=Y=np.linspace(-2.048,2.048,100)
x,y=np.meshgrid(X,Y)
z=100*(y-x**2)**2+(1-x)**2
ax.plot_surface(x,y,z)
```

输出图形如图 3-32 所示。

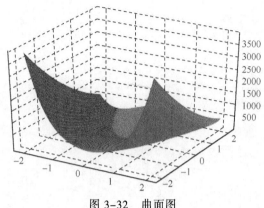

图 3-32　曲面图

程序分析：X 和 Y 分别是两个一维数组，通过 np.meshgrid() 函数构建矢量化的对象 x 和 y，x 和 y 就是两组 30×30 并且数值对应的矩阵，因此通过 x、y 就能构建起平面的网格。

4. 等高线

函数 contour(x,y,z, 等高线条数, colors=颜色, linewidth=线宽) 用于绘制等高线。其中，参数 x、y、z 为 x 轴、y 轴、z 轴数据。另外三维等高线还有另外两个参数。

绘制三维等高线

① zdir：等高线的方向。x, y or z ，默认为 z。

② offset：如果有规定，在垂直于 zdir 的平面上，在此位置绘制填充轮廓的投影。

【示例 3-33】绘制三维等高线。

程序代码：

```
%matplotlib inline
import numpy as np
import matplotlib.pyplot as plt
#from mpl_toolkits.mplot3d import Axes3D
fig=plt.figure()
#ax=Axes3D(fig)
ax=plt.axes(projection='3d')
X=np.linspace(-5.12,5.12,100)
Y=X
x,y=np.meshgrid(X,Y)
z=(3/(0.05+x**2+y**2))**2+(x**2+y**2)**2
#ax.plot_surface(x,y,z)
ax.contour(x,y,z,30)
```

输出图形如图 3-33 所示。

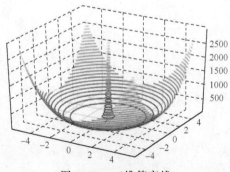

图 3-33　三维等高线

【示例 3-34】绘制 z 轴等高线。

绘制 z 轴等高线

程序代码:

```
%matplotlib inline
import numpy as np
import matplotlib.pyplot as plt
from mpl_toolkits.mplot3d import Axes3D
plt.subplot(2,2,1)
ax1=plt.axes(projection='3d')
X=np.linspace(-5.12,5.12,100)
Y=X
x,y=np.meshgrid(X,Y)
z=(3/(0.05+x**2+y**2))**2+(x**2+y**2)**2
ax1.plot surface(x,y,z)
ax1.contour(x,y,z,30,offset=1,zdir='z')
```

输出图形如图 3-34 所示。

【示例 3-35】绘制二维等高线。

绘制二维等高线

程序代码:

```
%matplotlib inline
import numpy as np
import matplotlib.pyplot as plt
from mpl_toolkits.mplot3d import Axes3D
plt.subplot(2,2,1)
X=np.linspace(-5.12,5.12,200)
Y=X
x,y=np.meshgrid(X,Y)
z=(3/(0.05+x**2+y**2))**2+(x**2+y**2)**2
plt.contour(x,y,z,1000)
```

输出图形如图 3-35 所示。

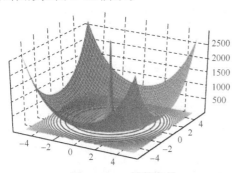

图 3-34　z 轴等高线

图 3-35　二维等高线

小　结

本章介绍了利用 Matplotlib 绘制常用数据图表,如线形图、散点图、柱状图、条形图、饼图、直方图和箱形图;还介绍了使用 Matplotlib 设置坐标系,比如坐标网络、坐标轴和分区;最后介绍了 Matplotlib 三维图像的绘制。

除了 Matplotlib 外,还有一些其他的可视化工具,比如 Seaborn 和 Pyecharts 等,有兴趣的读者可自行学习。

习　题

一、选择题

1. 线形图中设置线宽的函数是（　　　）

    A．color()　　　　　　B．linestyle()　　　　　C．linewidth()　　　　　D．marker()

2. 显示一个数据系列中各项的大小与各项总和的比例的图形是（　　　）。

    A．饼图　　　　　　　B．直方图　　　　　　　C.柱形图　　　　　　　D．散点图

3. 图例位置 upper left 对应的编号是（　　　）。

    A．0　　　　　　　　B．1　　　　　　　　　C．2　　　　　　　　　D．3

二、填空题

1. 绘制饼图的函数是_____。

2. pyplot 设置 x 坐标取值范围的函数是_____。

3. pyplot 使用 rcParams 设置字体的属性是_____。

三、简答题

1. 创建子图的函数。

2. Matplotlib 能够绘制哪些二维图形。

3. 文本注解函数。

 实　验

一、实验目的

① 掌握 Matplotlib 图形的绘制，包括线形图、散点图、柱形图、条形图、饼图、直方图和箱线图。

② 掌握绘图中的设置，包括图例设置、坐标网格设置、画布设置、样式设置、创建子图、子图坐标系设置。

③ 掌握三维图像绘制，包括三维曲线图、三维散点图、曲面图、等高线等。

二、实验内容

① 绘制线形图、散点图、柱形图、条形图、饼图、直方图和箱线图。

② 绘制维曲线图、三维散点图、曲面图、等高线。

③ 绘制图形时，设置必要的图例、坐标网格、坐标系、文本注解等。

三、实验过程

1. 绘制线形图

程序代码（一）：

```
%matplotlib inline
import numpy as np
import matplotlib.pyplot as plt
```

```
x=np.linspace(-4,4,66)
y=2 * x+1
plt.plot(x, y)
y=x**2
plt.plot(x, y)
```

程序代码（二）：

```
%matplotlib inline
import matplotlib.pyplot as plt
import numpy as np
x=np.linspace(-4, 4, 50)
y1=2 * x+1
plt.figure()
plt.plot(x, y1)
y2=x**2
plt.figure()
plt.plot(x, y2)
```

程序代码（三）：

```
%matplotlib inline
import numpy as np
import matplotlib.pyplot as plt
x=np.linspace(-4,4,66)
y1=2 * x+1
y2=x**2
plt.figure(num=5, figsize=(8, 8))
plt.plot(x, y1,label='y=2x+1')
plt.plot(x, y2, color='red', linewidth=1.0, linestyle='--',label='y=
x**2')
plt.title('2x+1 vs x**2')
plt.text(2,2,'x**2')
```

2．绘制散点图

```
%matplotlib inline
import numpy as np
import matplotlib.pyplot as plt
x=np.random.normal(0, 1, 500)
y=np.random.normal(0, 1, 500)
color=np.arctan2(y, x)
plt.scatter(x, y, s=75, c=color, alpha=0.5)
plt.xlim((-2, 2))
plt.ylim((-2, 2))
plt.xticks((-2,-1,0,1,2))
plt.yticks(())
plt.xlabel(u'这是 x 轴',fontproperties='SimHei',fontsize=14)
plt.ylabel(u'这是 y 轴',fontproperties='SimHei',fontsize=14)
```

3．绘制柱形图

程序代码（一）：

```
%matplotlib inline
import matplotlib.pyplot as plt
import numpy as np
```

```
n=10
x=np.arange(n)
y1=(1-x/float(n))*np.random.uniform(0.5,1.0,n)
y2=(1-x/float(n))*np.random.uniform(0.5,1.0,n)
plt.bar(x, y1, facecolor='blue', edgecolor='g')
plt.bar(x, -y2, facecolor='r', edgecolor='g')
plt.xlim(-1, n)
plt.ylim(-1.5, 1.5)
```

程序代码（二）:

```
%matplotlib inline
import numpy as np
import matplotlib.pyplot as plt
x=np.array([1,2,3,4,5,6,7,8])
y=np.array([3,5,7,6,2,6,10,15])
plt.plot(x,y,'r')
plt.plot(x,y,'g',lw=10,label='line')
x=np.array([1,2,3,4,5,6,7,8])
y=np.array([13,25,17,36,21,16,10,15])
plt.bar(x,y,0.2,alpha=1,color='b',label='bar')
plt.legend()
plt.show()
```

4. 绘制条形图

```
%matplotlib inline
import numpy as np
import matplotlib.pyplot as plt
x=np.array([1,2,3,4,5,6,7,8])
y=np.array([3,5,7,6,2,6,10,15])
plt.plot(x,y,'r')
plt.plot(x,y,'g',lw=10,label='line')
x=np.array([1,2,3,4,5,6,7,8])
y=np.array([13,25,17,8,21,16,10,15])
plt.barh(x,y,0.2,alpha=1,color='b',label='bar')
plt.legend()
plt.show()
```

5. 绘制饼图

```
%matplotlib inline
import numpy as np
import matplotlib.pyplot as plt
x=[62, 68, 56,75]
fig, ax=plt. subplots()
labels=['数据分析 1 班','数据分析 2 班','数据分析 3 班','数据分析 3 班']
colors=['r','y','blue','green']
explode=(0, 0.1, 0, 0)
plt.rcParams['font.sans-serif']=['SimHei']#黑体字体
plt.rcParams['font.serif']=['SimHei']
ax.pie(x, explode=explode, labels=labels, colors=colors, autopct='%1.1f%%',
shadow=True, startangle=90, radius=1.2)
ax. set (aspect="equal", title='Pie')
```

6. 绘制直方图

```
%matplotlib inline
import pandas as pd
import numpy as np
import random
data=np.zeros((1000,1000),dtype=int)
for i in range(len(data)):
    for j in range(len(data[0])):
        data[i][j]=random.randint(1,20)
data_m=pd.DataFrame(data)
data_m=data_m[1].value_counts()
data_m=data_m.sort_index()
import matplotlib.pyplot as plt
plt.hist(data[0],bins=50)
plt.show()
```

7. 绘制箱线图

程序代码（一）:

```
%matplotlib inline
import numpy as np
import matplotlib.pyplot as plt
fig, ax=plt. subplots(1, 2)
data=[1, 3,5,9, 2]
ax[0]. boxplot ([data])
ax[0] .grid(True)
ax[1]. boxplot ([data], showmeans=True)
ax[1].grid (True)
```

程序代码（二）:

```
%matplotlib inline
import numpy as np
import matplotlib.pyplot as plt
np. random. seed (123)
d1=np.random. normal(100, 10, 200)
d2=np. random. normal (80, 30, 200)
d3=np. random. normal(90, 20, 200)
d4=np. random.normal(70, 25, 200)
data=[d1, d2, d3, d4]
fig=plt.figure (1, figsize=(9, 6))
ax=fig.add_subplot (111)
bp=ax. boxplot (data, patch_artist=True)
```

8. 绘制子图

程序代码（一）:

```
%matplotlib inline
import matplotlib.pyplot as plt
import numpy as np
plt.figure()
plt.subplot(2, 2, 1)
plt.plot([0, 1], [0, 1])
```

```
plt.subplot(2, 2, 2)
plt.plot([1, 1], [0, 1])
plt.subplot(2, 2, 3)
plt.plot([0, 1], [1, 1])
plt.subplot(2, 2, 4)
plt.plot([0, 1], [1, 0])
plt.show()
```

程序代码（二）：

```
%matplotlib inline
import numpy as np
import matplotlib.pyplot as plt
plt.figure()
plt.subplot(2, 1, 1)
plt.plot([0, 1], [0, 1])
plt.subplot(2, 3, 4)
plt.plot([0, 1], [0, 1])
plt.subplot(2, 3, 5)
plt.plot([0, 0], [0, 1])
plt.subplot(2, 3, 6)
plt.plot([0, 1], [0, 0])
plt.show()
```

程序代码（三）：

```
%matplotlib inline
import matplotlib.pyplot as plt
import numpy as np
plt.figure()
fig,ax=plt.subplots(3, 3)
ax[0,0].plot(x,x**2)
ax[0,1].plot(x,x**3)
ax[0,2].plot(x,x**4)
ax[1,0].plot(x,x**5)
ax[1,1].plot(x,np.sqrt(x))
ax[1,2].plot(x,np.sin(x))
ax[2,0].plot(x,np.log(x))
ax[2,1].plot(x,np.tan(x))
ax[2,2].plot(x,np.arcsin(x))
plt.show()
```

9. 绘制嵌套图

```
import matplotlib.pyplot as plt
import numpy as np
fig=plt.figure()
x=np.linspace(-np.pi,np.pi,500)
y1=np.sin(x)
y2=np.cos(x)
y3=np.power(x,3)
left, bottom, width, height=0.1, 0.1, 0.8, 0.8
ax1=fig.add_axes([left, bottom, width, height])
ax1.plot(x, y1, 'r')
```

```
ax1.set_title('axes1')
left, bottom, width, height=0.2, 0.6, 0.25, 0.25
ax2=fig.add_axes([left, bottom, width, height])
ax2.plot(x, y2, 'g')
ax2.set_title('axes2')
plt.axes([bottom, left, width, height])
plt.plot(x, y3, 'b')
plt.title('axes3')
plt.show()
```

10. 绘制维曲线图

```
%matplotlib inline
import matplotlib.pyplot as plt
from mpl_toolkits import mplot3d
import numpy as np
t=np.linspace(0,2*np.pi,100)
x=8*np.cos(t);
y=4*np.sqrt(2)*np.sin(t);
z=-4*np.sqrt(2)*np.sin(t);
ax=plt.axes(projection='3d')
ax.plot3D(x,y,z)
plt.show()
```

11. 绘制三维散点图

```
%matplotlib inline
import numpy as np
import matplotlib.pyplot as plt
from mpl_toolkits.mplot3d import Axes3D
data=np.random.randint(0, 255, size=[40, 40, 40])
x, y, z=data[0], data[1], data[2]
plt.figure(figsize=(8,15))
ax=plt.subplot(2,1,1, projection='3d')
ax.scatter(x[:10], y[:10], z[:10], c='y')
ax.scatter(x[10:20], y[10:20], z[10:20], c='r')
ax.scatter(x[30:40], y[30:40], z[30:40], c='g')
ax.set_zlabel('Z')
ax.set_ylabel('Y')
ax.set_xlabel('X')
ax=plt.subplot(2,1,2,projection='3d')
def f(x,y):
    return ((x**2+y**2)/400-np.cos(x)*np.cos(y/np.sqrt(2))+1)
plt.figure(figsize=(20,20))
X=Y=np.linspace(-5.12,5.12,200)
x,y=np.meshgrid(X,Y)
ax.plot_surface(x,y,f(x,y))
plt.show()
```

12. 绘制曲面图

```
%matplotlib inline
import matplotlib.pyplot as plt
from mpl_toolkits import mplot3d
import numpy as np
def f(x,y):
    return (20+(x**2-10*np.cos(2*np.pi*x))+(y**2-10*np.cos(2*np.pi*y)))
plt.figure(figsize=(20,20))
```

```
X=Y=np.linspace(-5.12,5.12,200)
x,y=np.meshgrid(X,Y)
ax=plt.axes (projection='3d')
ax.plot_surface(x,y,f(x,y))
```

13. 绘制等高线

程序代码（一）：

```
%matplotlib inline
import matplotlib.pyplot as plt
import numpy as np
def f(x, y):
    return (1-x/2+x**5+y**3)*np.exp(-x**2-y**2)
x=np.linspace(-3, 3, n)
y=np.linspace(-3, 3, n)
X, Y=np.meshgrid(x, y)
plt.contourf(X, Y, f(X, Y), 8, alpha=0.75, cmap=plt.cm.hot)
C=plt.contour(X, Y, f(X, Y), 18, colors='black', linewidth=0.5)
plt.clabel(C, inline=True, fontsize=10)
plt.xticks(())
plt.yticks(())
plt.show()
```

程序代码（二）：

```
import matplotlib.pyplot as plt
import numpy as np
def f(x, y):
    return (1-x/2+x**5+y**3)*np.exp(-x**2-y**2)
X=np.linspace(-3, 3, n)
Y=np.linspace(-3, 3, n)
x, y=np.meshgrid(X, Y)
plt.contourf(x, y, f(x, y), 8, alpha=0.75, cmap=plt.cm.hot)
ax=plt.axes(projection='3d')
C=ax.contour(x, y, f(x, y), 30, colors='black', linewidth=0.5)
plt.clabel(C, inline=True, fontsize=10)
plt.show()
```

程序代码（三）：

```
%matplotlib inline
import matplotlib.pyplot as plt
import numpy as np
from mpl_toolkits.mplot3d import Axes3D
fig=plt.figure()
ax=Axes3D(fig)
n=256
x=np.arange(-4, 4, 0.25)
y=np.arange(-4, 4, 0.25)
X, Y=np.meshgrid(x, y)
R=np.sqrt(X ** 2+Y ** 2)
Z=np.sin(R)
ax.plot_surface(X, Y, Z, rstride=1, cstride=1, cmap=plt.get_cmap('rainbow'))
ax.contour(X, Y, Z, zdim='z', offset=-2, cmap='rainbow')
ax.set_zlim(-2, 2)
plt.show()
```

第4章
Pandas 数据分析

 学习目标

- 了解 Pandas 的 Series、DataFrame 和 Panel 数据结构，掌握 DataFrame 数据结构的创建。
- 熟悉 DataFrame 的基本功能，掌握 DataFrame 的行操作与列操作。
- 熟悉 Pandas 操作外部数据的方法，掌握读取 CVS、Excel 和 Sqlite 数据库的方法。
- 熟悉 DataFrame 的重建索引、更换索引和层次化索引的使用。
- 熟悉 Series、DataFrame 的数据运算，掌握函数应用与映射、排序、迭代的方法。
- 熟悉描述性统计函数，掌握协方差、相关性等计算方法。
- 熟悉分组与聚合的概念，掌握分组聚合的方法使用。
- 熟悉透视表、交叉表的使用，掌握透视表、交叉表的使用方法。

 引言

Panda 包含的数据结构和数据处理工具使得在 Python 中进行数据清洗和分析非常快捷。Pandas 经常是和其他数值计算工具（比如 NumPy）以及数据可视化工具（比如 Matplotlib）一起使用。

4.1 Pandas 数据结构

Pandas 有 3 种数据结构：系列（Series）、数据帧（DataFrame）和面板（Panel），这些数据结构可以构建在 NumPy 数组之上。

1. Series（系列）

系列是具有均匀数据的一维数组结构，其特点是：均匀数据、尺寸大小不变、数据的值可变。

系列（Series）是能够保存任何类型的数据（整数、字符串、浮点数、Python 对象等）的一维标记数组。

Pandas 系列可以使用以下构造函数创建：

Series 的创建

```
pandas.Series( data, index, dtype, copy)
```

构造函数的参数如表 4-1 所示。

表 4-1　Series()函数参数

参　　数	描　　述
data	数据采取各种形式，如 ndarray、list、constants
index	索引值必须是唯一的和散列的，与数据的长度相同
dtype	dtype 用于指定数据类型。如果没有，将推断数据类型
copy	复制数据，默认为 false

可以使用数组、字典、标量值或常数创建一个系列，还可以创建一个空的系列。

【示例 4-1】Series 的创建和使用。

程序代码：

```python
import pandas as pd
import numpy as np
data=np.array(['a','b','c','d','e'])
s1=pd.Series(data)
print('默认索引: ')
print(s1)
s2=pd.Series(data,index=[100,101,102,103,200])
print('指定索引: ')
print(s2)
print('索引 s1[0:2]=')
print(s1[0:2])
print('索引 s2[[100,102]]=')
print(s2[[100,102]])
print('索引 s2[100]=', s2[101])
print("系列中修改 c 的元素组成的系列: s1[s1<'c']=")
print(s1[s1<'c'])
print('s2.index=',s2.index)
```

输出结果：

```
默认索引:
0    a
1    b
2    c
3    d
4    e
dtype: object
指定索引:
100    a
101    b
102    c
103    d
200    e
dtype: object
索引 s1[0:2]=
0    a
1    b
dtype: object
索引 s2[[100,102]]=
100    a
```

```
102    c
dtype: object
```
索引 s2[100]= b
系列中修改 c 的元素组成的系列: s1[s1<'c']=
```
0    a
1    b
dtype: object
s2.index= Int64Index([100, 101, 102, 103, 200], dtype='int64')
```

2. 数据帧

数据帧（DataFrame）是一个具有异构数据的二维数组，其特点是异构数据、大小可变、数据可变。数据帧是 Pandas 使用最多的数据结构。

数据以行和列表示，每行是一条记录（对象），每列表示一个属性，属性数据具有数据类型。例如，姓名是字符串，年龄是整数，如表 4-2 所示。

DataFrame
的创建

表 4-2　DataFrame 数据结构

姓　　名	性　　别	年　　龄	身　　高	班　　级
小明	男	20	178	1 班
小花	女	22	165	1 班
小兰	女	19	163	2 班
小胜	男	23	175	1 班

Pandas 中的 DataFrame 可以使用以下构造函数创建：

```
Pandas.DataFrame(data, index, columns, dtype, copy)
```

DataFrame() 函数的参数如表 4-3 所示。

表 4-3　DataFrame() 函数参数

参　　数	描　　述
data	数据采取各种形式，如 ndarray、series、map、lists、dict、constant 和另一个 DataFrame
index	对于行标签，要用于结果帧的索引时可选默认值 np.arange(n)
columns	对于列标签，可选的默认语法是 np.arange(n)
dtype	每列的数据类型
copy	如果默认值为 False，则此命令用于复制数据

Pandas 数据帧可以使用各种输入创建，如列表、字典、系列、NumPy 的 ndarrays、Series 或另一个数据帧等。

【示例 4-2】创建 DataFrame 对象。

程序代码：

```
import pandas as pd
import numpy as np
df=pd.DataFrame()
print('创建空数据帧: ')
print(df)
data=np.arange(11,15)
df1=pd.DataFrame(data)
print('df1=')
print(df1)
```

```
data={'name':['小明','小花','小兰','小胜'],'gender':['男','女','女','男']}
df2=pd.DataFrame(data)
print('df2=')
print(df2)
data=[{'name':'小明, 'gender':'男'},{'name': '小花', 'gender': '女', 'age': 22}]
df3=pd.DataFrame(data, index=['1', '2'],columns=['name','gender','age'])
print('df3=')
print(df3)
d={'a' : pd.Series(np.arange(3), index=['1', '2', '3']),
   'b' : pd.Series(np.arange(4), index=['1', '2', '4', '5'])}
df4=pd.DataFrame(d)
print('df4=')
print(df4)
print('df2.index=',df2.index)
print('df2.colums=',df2.columns)
```

输出结果：

```
创建空数据帧：
Empty DataFrame
Columns: []
Index: []
df1=
    0
0  11
1  12
2  13
3  14
df2=
    name    gender
0   小明      男
1   小花      女
2   小兰      女
3   小胜      男
df3=
    name    gender   age
1   小明      男       NaN
2   小花      女       22.0
df4=
    a    b
1  0.0  0.0
2  1.0  1.0
3  2.0  NaN
4  NaN  2.0
5  NaN  3.0
df2.index=RangeIndex(start=0, stop=4, step=1)
df2.colums=Index(['name', 'gender'], dtype='object')
```

3. 面板

面板是具有异构数据的三维数据结构。其特点是：异构数据、大小可变、数据可变。

可以使用以下构造函数创建面板：

```
pandas.Panel(data, items, major_axis, minor_axis, dtype, copy)
```

Panel()函数的参数如表 4-4 所示。

表 4-4　Panel()函数的参数

参　　数	描　　述
data	数据采取各种形式，如 ndarray、series、map、lists、dict，constant 和另一个数据帧(DataFrame)
items	axis=0
major_axis	axis=1
minor_axis	axis=2
dtype	每列的数据类型
copy	复制数据，默认 False

【示例 4-3】创建 Panel 对象。

程序代码：

```
import pandas as pd
import numpy as np
data=np.random.rand(2,4,5)
p=pd.Panel(data)
print('第一个 p=')
print(p)
data={'Item1' : pd.DataFrame(np.random.randn(4, 3)),
      'Item2' : pd.DataFrame(np.random.randn(4, 2))}
p=pd.Panel(data)
print('第二个 p=')
print(p)
print("p['Item1']=")
print(p['Item1'])
```

输出结果：

```
第一个 p=
<class 'pandas.core.panel.Panel'>
Dimensions: 2 (items) x 4 (major_axis) x 5 (minor_axis)
Items axis: 0 to 1
Major_axis axis: 0 to 3
Minor_axis axis: 0 to 4
第二个 p=
<class 'pandas.core.panel.Panel'>
Dimensions: 2 (items) x 4 (major_axis) x 3 (minor_axis)
Items axis: Item1 to Item2
Major_axis axis: 0 to 3
Minor_axis axis: 0 to 2
p['Item1']=
          0          1          2
0  -0.389287  -1.437513  -0.206321
1   0.357040   0.299314   2.074195
2   1.129084  -0.399665   1.567604
3  -1.266231  -1.695172  -0.049680
```

4.2　DataFrame 基本功能

DataFrame 的基本功能包括数据帧的重要属性和方法，如表 4-5 所示。

要查看 DataFrame 对象的小样本，可使用 head() 和 tail() 方法。head() 返回前 n 行(观察索引值)，显示元素的默认数量为 5，但可以传递自定义数字值；tail() 返回最后 n 行(观察索引值)，显示元素的默认数量为 5，但可以传递自定义数字值。

表 4-5　DataFrame 的基本功能

属性或方法	描　　述
T	转置行和列
axes	轴序列。行轴标签和列轴标签作为成员
dtypes	返回此对象中的数据类型(dtypes)
empty	如果 NDFrame 完全为空，则返回为 True；如果任何轴的长度为 0
ndim	轴/数组维度大小
shape	返回表示 DataFrame 的维度的元组
size	DataFrame 中的元素数
values	DataFrame 的 NumPy 表示
head()	返回开头前 n 行
tail()	返回最后 n 行

【示例 4-4】DataFrame 基本功能。

程序代码：

```
import pandas as pd
import numpy as np
d={'name':pd.Series(['小明','小花','小兰','小胜']),
    'gender':pd.Series(['男','女','女','男']),
    'age':pd.Series([20,22,19,23]),
    'calss': pd.Series(['1班','1班','2班','1班'])}
df=pd.DataFrame(d)
print('原数据帧: ')
print(df)
print('转置: ')
print(df.T)
print ('轴序列: ',df.axes)
print ('数据类型: ')
print(df.dtypes)
print ('是否为空',df.empty)
print ('维度:',df.ndim)
print ('形状: ',df.shape)
print ('元素数量: ',df.size)
print ('实际数据的 NumPy 表示: ')
print(df.values)
print ('前 3 行数据: ')
print(df.head(3))
print ('后 3 行数据: ')
print(df.tail(3))
```

输出结果:

```
原数据帧:
    name  gender  age  calss
0   小明    男    20   1班
1   小花    女    22   1班
2   小兰    女    19   2班
3   小胜    男    23   1班
转置:
          0     1     2     3
name     小明   小花   小兰   小胜
gender   男    女    女    男
age      20    22    19    23
calss    1班   1班   2班   1班
轴序列: [RangeIndex(start=0, stop=4, step=1), Index(['name', 'gender',
'age', 'calss'], dtype='object')]
数据类型:
name          object
gender        object
age           int64
calss         object
dtype:        object
是否为空 False
维度: 2
形状: (4, 4)
元素数量: 16
实际数据的 NumPy 表示:
[['小明' '男' 20 '1班']
 ['小花' '女' 22 '1班']
 ['小兰' '女' 19 '2班']
 ['小胜' '男' 23 '1班']]
前 3 行数据:
    name  gender  age  calss
0   小明    男    20   1班
1   小花    女    22   1班
2   小兰    女    19   2班
后 3 行数据:
    name  gender  age  calss
1   小花    女    22   1班
2   小兰    女    19   2班
3   小胜    男    23   1班
```

4.3 读取外部数据

读取外部数据分为读取文件、数据库、网络数据。

保存数据的文件主要有 CSV、Excel、txt 和 json,本节主要介绍使用较多的 CSV 和 Excel 文件,TXT 文件和 JSON 的使用与 CSV 和 Excel 的使用类似。

数据库数据读取分为两部分:建立连接、执行 SQL 语句。建立连接部分与执行 SQL 的过程格式统一,灵活多变的是 SQL 语句。SQL 语句内容不在本书知识范围,本部分介绍如何读取 Sqlite 数据库。

网络数据的读取使用最多的是网络爬虫，不过 Pandas 提供了 read_html()函数读取网页数据。因为本书没有使用网络数据，同时网络数据的读取比较复杂，因此不再介绍网络数据内容。

4.3.1　CSV 文件

CSV（Comma-Separated Values）格式的文件是指以纯文本形式存储的表格数据，巨量的数据常使用 CSV 格式。Pandas 提供了处理数据量巨大的 CSV 文件功能。

读取 CSV 文件

1. read_csv()函数

参数说明如下：

① filepath_or_buffer 是 csv 文件的路径或是缓冲区，也可以是一个 URL，如 http、ftp 文件。

② sep 是一个字符串，指定分隔符，默认值为 "，"（英文逗号）。

③ delimiter 是定界符，备选分隔符（如果指定该参数，则 sep 参数失效）。

④ header 的作用是指定行数用来作为列名，指定数据开始行数。如果文件中没有列名，则默认为 0，否则设置为 None。

⑤ names 用于结果的列名列表，如果数据文件中没有列标题行，就需要执行 header=None。

⑥ index_col 用作行索引的列编号或者列名，如果给定一个序列则有多个行索引。

⑦ usecols 指定读取的列，是一个列表，该列表中的值必须可以对应到文件中的位置（数字可以对应到指定的列）或者是字符串（文件中的列名）。

⑧ prefix 的作用是在没有列标题时，给列添加前缀。例如，添加'X' 成为 X0, X1, ..., Xn。

⑨ dtype 每列数据的数据类型。

⑩ converters 是列转换函数的字典。key 可以是列名或者列的序号。

⑪ skiprows 需要忽略的行数(从文件开始处算起)，或需要跳过的行号列表(从 0 开始)。

⑫ skipfooter 从文件尾部开始忽略。

⑬ nrows 需要读取的行数（从文件头开始算起)。

⑭ date_parser 是用于解析日期的函数，默认使用 dateutil.parser.parser 来做转换。

⑮ chunksize 文件块的大小。

⑯ encoding 指定字符集类型，通常指定为'utf-8'。

注意：

① 文件名称（包括路径如果出现中文，需要使用 open()函数)。

② 读取 csv 文件时，默认第一行是列名，如果第一行直接就是数据，需要设置 hearer=None,否则第一条数据会被当作列名。

2. read_table()函数

rea_table()函数与 read_csv()函数大同小异，不同处是 read_table 默认分隔符为制表符，而 read_csv 默认的分隔符为逗号（英文逗号）。

3. to_csv()函数

to_csv()函数用来把 DataFrame 数据保存到 CSV 文件。

【示例 4-5】CSV 文件读取。

程序代码:

```
#read
import pandas as pd
df=pd.read_csv('d:/notebook/stu.csv',encoding='gbk')
print(df)
df1=pd.read_csv('d:/notebook/stu.csv',encoding='gbk',sep=',',index_col=
'name')
print('name设为索引: ')
print(df1)
df2=pd.read_csv('d:/notebook/stu.csv',encoding='gbk',skiprows=[0])
print('不取第一行: ')
print(df2)
df3=pd.read_csv('d:/notebook/stu.csv',encoding='gbk',nrows=2,usecols=
['name','age'])
print('取两行、取两列: ')
print(df3)
df4=pd.read_csv('d:/notebook/stu.csv',encoding='gbk',header=None, names=
['a','b','c','d','e'])
print('第一行当作数据读取: ')
print(df4)
df.to_csv('d:/notebook/stu1.csv')
```

输出结果:

```
      name   gender  age  height   class
0     小明      男    20    178     1班
1     小花      女    22    165     1班
2     小兰      女    19    163     2班
3     小胜      男    23    175     1班
name设为索引:
name    gender  age  height    class
小明        男    20    178      1班
小花        女    22    165      1班
小兰        女    19    163      2班
小胜        男    23    175      1班
不取第一行:
      小明   男  20  178  1班
0     小花   女  22  165  1班
1     小兰   女  19  163  2班
2     小胜   男  23  175  1班
取两行、取两列:
      name   age
0     小明    20
1     小花    22
第一行当作数据读取:
      a       b      c     d       e
0    name   gender  age  height   class
1    小明      男    20    178     1班
2    小花      女    22    165     1班
3    小兰      女    19    163     2班
4    小胜      男    23    175     1班
```

4. Excel 处理

读取 Excel 文件

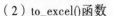

Microsoft Excel 几乎无处不在，所以在 Python 中也时常用到 Excel 处理。Pandas 提供了方便处理 Excel 文件的方法。

（1）read_excel()函数

read_excel()函数的参数大多与 read_csv()相同。

① 参数 io 是字符串，指定文件路径。

② 参数 sheet_name 是字符串或 int 型数据，指定表单（一个 excel 通常包含多个表单），默认为 0，即第 0 个表单（从 0 开始）。

（2）to_excel()函数

df.to_excel()函数保存 DataFrame 数据到 Excel 文件。

【示例 4-6】Excel 文件读取。

程序代码：

```
import pandas as pd
df=pd.read_excel('d:/notebook/stu.xlsx',encoding='gb2312')
print(df)
df.to_excel('d:/notebook/stu1.xlsx')
```

输出结果：

```
    name  gender  age  height  class
0   小明    男      20   178     1班
1   小花    女      22   165     1班
2   小兰    女      19   163     2班
3   小胜    男      23   175     1班
```

4.3.2 Sqlite 数据库

1. read_sql()函数

读取 Sqlite 数据库数据

read_sql()函数读取数据库的数据，其格式如下：

```
pandas.read_sql(sql, con, index_col=None, parse_dates=None, columns=None, chunksize=None)
```

参数说明如下：

① sql：SQL 语句。

② con：数据库连接对象。

③ parse_dates：处理日期型数据。

2. to_sql()函数

to_sql()函数把 df 数据保存至数据库，其格式如下：

```
DataFrame.to_sql(name, con, schema=None, if_exists='fail')
```

参数说明如下：

① name：表示数据库中的表名称。

② con：表示数据库连接对象。

③ schema：表示数据库名称。

④ if_exists：表示如果表存在如何处理，默认是 fail 保存失败，即不保存；设为'replace'时，表示替换原有数据。

【示例 4-7】数据准备。

程序代码：

```
#sqlite 数据准备，只能执行一次
import sqlite3
conn=sqlite3.connect("d:/notebook/stu-sqlite.db")
cursor=conn.cursor()
sql_create='create table student(name varchar(20),gender varchar(2),age
int,height int,class varchar(20))'
sql_insert='insert into student(name, gender, age,height,class) values
(:name, :gender, :age,:height,:class)'
cursor.execute(sql_create)
cursor.execute(sql_insert,{'name':'小明','gender':'男','age':20,'height':
178,'class':'1 班'})
cursor.execute(sql_insert,{'name':'小花','gender':'女','age':22,'height':
165,'class':'1 班'})
cursor.execute(sql_insert,{'name':'小兰','gender':'女','age':19,'height':
163,'class':'2 班'})
cursor.execute(sql_insert,{'name':'小胜','gender':'男','age':23,'height':
175,'class':'1 班'})
conn.commit()
```

【示例 4-8】通过 Pandas 操作 Sqlite 数据库。

程序代码：

```
import pandas as pd
import sqlite3
conn=sqlite3.connect("d:/notebook/stu-sqlite.db")
df=pd.read_sql_query("select * from student", conn)
print(df)
df.to_sql(name='student',con=conn,if_exists='replace')
```

输出结果：

```
    name  gender  age  height  class
0   小明      男     20   178    1 班
1   小花      女     22   165    1 班
2   小兰      女     19   163    2 班
3   小胜      男     23   175    1 班
```

4.4 数据帧的列操作和行操作

4.4.1 列操作

DataFrame
列操作

列操作包括列选择、列添加和列删除。

① 列选择：通过 df[列标签]选择，可以通过 df[列标签数组]选择多行。

② 列添加：通过对 df[新的列标签]赋值实现。

③ 列删除：可以使用 del df[列标签]或者 df.pop(列标签)实现。

【示例 4-9】列操作。

程序代码：

```
import pandas as pd
d={'name':['小明','小花','小兰','小胜'],
   'gender':['男','女','女','男'],
   'age':[20,22,19,23],
   'class': ['1班','1班','2班','1班']}
df=pd.DataFrame(d)
print('原数据帧: ')
print(df)
print('选择 name 列: ')
print(df['name'])
print('选择 name,age 列: ')
print(df[['name','age']])
df['city']=pd.Series(['北京','上海','深圳'],index=[0,1,3])
print('添加列后: ')
print(df)
del df['city']
print('删除 city 列后: ')
print(df)
df['city']=pd.Series(['北京','上海','深圳'],index=[0,1,3])
df.pop('city')
print('添加之后又弹出 city 列后: ')
print(df)
```

输出结果:

```
原数据帧:
    name    gender  age    class
0   小明       男      20      1班
1   小花       女      22      1班
2   小兰       女      19      2班
3   小胜       男      23      1班
选择 name 列:
0    小明
1    小花
2    小兰
3    小胜
Name: name, dtype: object
选择 name,age 列:
    name   age
0   小明     20
1   小花     22
2   小兰     19
3   小胜     23
添加列后:
    Name    gender  age    class   city
0   小明       男      20      1班      北京
1   小花       女      22      1班      上海
2   小兰       女      19      2班      NaN
3   小胜       男      23      1班      深圳
删除 city 列后:
    name    gender  age    class
0   小明       男      20      1班
1   小花       女      22      1班
```

```
2    小兰      女      19    2班
3    小胜      男      23    1班
```
添加之后又弹出 city 列后：
```
     name   gender  age    class
0    小明      男      20    1班
1    小花      女      22    1班
2    小兰      女      19    2班
3    小胜      男      23    1班
```

4.4.2　行操作

行操作包括行选择、行添加和行删除。

① 行选择：可以按行标签、整数位置进行选择，函数分别是 loc()和 iloc()
函数，另外还可以使用行索引或切片进行选择。函数 loc()的参数是行标签，
iloc()的参数是行号。

② 行添加：通过 df.append()函数实现。

③ 行删除通过 df. drop()函数实现。

注意：append()和 drop()函数不改变原 DataFrame，而是返回一个新的 DataFrame，新的
DataFrame 包含了原 DataFrame 和新加入的列。

DataFrame
行操作

【示例 4-10】行操作。

程序代码：

```
import pandas as pd
d={'name':['小明','小花','小兰','小胜'],
    'gender':['男','女','女','男'],
    'age':[20,22,19,23],
    'class': ['1班','1班','2班','1班']}
df=pd.DataFrame(d,index=['first','second','third','fourth'])
print('原数据帧: ')
print(df)
print('选择 second 行: ')
print(df.loc['second'])
print('选择 first,third 行')
print(df.loc[['first','third']])
print('选择第 1 行（从 0 开始）: ')
print(df.iloc[1])
print('选择 0, 2 行: ')
print(df.iloc[[0,2]])
print('选择 0:2 行: ')
print(df.iloc[0:2])
s=pd.Series(['小丽','女','21','3班'],index=['name','gender', 'age',
'class'])
df1= df.append(s,ignore_index=True)
print('添加 Series 行后的 df: ')
print(df)
print('添加 Series 行后的 df1: ')
print(df1)
df2=df1.drop(4)
print('删除行后的 df1: ')
print(df1)
```

```
print('删除行后的df2: ')
print(df2)
d={'name':['小丽','小刚'],
    'gender':['女','女'],
    'age':[ 21 ,19],
    'class': ['3班','2班']}
df3=pd.DataFrame(d,index=['fifth','sixth'])
df4=df.append(df3)
print('添加行后的df: ')
print(df)
print('添加行后的df4: ')
print(df4)
df5=df4.drop('fifth')
print('删除fifth后的df5: ')
print(df5)
```

输出结果：

```
原数据帧：
        name    gender  age   class
first   小明      男      20    1班
second  小花      女      22    1班
third   小兰      女      19    2班
fourth  小胜      男      23    1班
选择second行：
name        小花
gender      女
age         22
class       1班
Name: second, dtype: object
选择first, third行列：
        name    gender  age  class
first   小明      男      20    1班
third   小兰      女      19    2班
选择第1行（从0开始）：
name        小花
gender      女
age         22
class       1班
Name: second, dtype: object
选择0，2行：
        name    gender  age   class
first   小明      男      20    1班
third   小兰      女      19    2班
选择0:2行：
        name    gender  age   class
first   小明      男      20    1班
second  小花      女      22    1班
添加Series行后的df：
        name    gender  age   class
first   小明      男      20    1班
second  小花      女      22    1班
third   小兰      女      19    2班
fourth  小胜      男      23    1班
添加Series行后的df1：
    name    gender age    class
```

```
0    小明     男      20       1班
1    小花     女      22       1班
2    小兰     女      19       2班
3    小胜     男      23       1班
4    小丽     女      21       3班
删除行后的 df1:
     Name   gender  age    class
0    小明     男      20       1班
1    小花     女      22       1班
2    小兰     女      19       2班
3    小胜     男      23       1班
4    小丽     女      21       3班
删除行后的 df2:
     name   gender  age    class
0    小明     男      20       1班
1    小花     女      22       1班
2    小兰     女      19       2班
3    小胜     男      23       1班
添加行后的 df:
          name   gender  age    class
first     小明     男      20       1班
second    小花     女      22       1班
third     小兰     女      19       2班
fourth    小胜     男      23       1班
添加行后的 df4:
          name   gender  age    class
first     小明     男      20       1班
second    小花     女      22       1班
third     小兰     女      19       2班
fourth    小胜     男      23       1班
fifth     小丽     女      21       3班
sixth     小刚     女      19       2班
          name   gender  age    class
first     小明     男      20       1班
second    小花     女      22       1班
third     小兰     女      19       2班
fourth    小胜     男      23       1班
sixth     小刚     女      19       2班
```

4.5 高级索引

4.5.1 重建索引

重建索引会更改 DataFrame 的行标签或列标签，重建索引意味着符合数据以匹配特定轴上的一组给定的标签。

重建索引

1. reindex()函数

reindex()函数用于重排序索引和指定索引，Pandas 调用 reindex()函数后会根据新索引进行重排，并按指定的索引返回对应的内容。

参数说明如下：

① index：创建后的行索引。

② columns：创建后的列索引。

③ fill_value：缺失值（NaN）的替代值。

④ limit 最大填充量。

⑤ method：缺失值替代方法：pad 或 ffill（向前填充值）、bfill 或 backfill（向后填充值）、nearest（从最近的索引值填充）。

2．rename()函数

rename()函数实现重新标记行索引或列名，通常使用原索引与新索引（原列名与新列名）组成的字典作为参数。例如，{'name':'sname','gender':'sex'}，表示把原列名 name 修改为新列名 sname，把原列名 gender 修改为新列名 sex。

【示例 4-11】重建索引。

程序代码：

```
# reindex
import numpy as np
import pandas as pd
data=np.random.randint(1,9,size=(5,5))
data
df=pd.DataFrame(data,index=[2,4,1,3,0],columns=['a','c','e','d','b'])
print(df)
print('reindex 之后:')
df1=df.reindex(index=[0,1,2,3,4]);
print(df1)
print('reindex 之后:')
print(df.reindex(columns=['a','b','c','d','E']))
print('ffill 之后:')
df2=df1.reindex(index=[0,1,2,3,4,5,6],method='ffill')
print(df2)
print('fill_value 之后:')
print(df1.reindex(columns=['a','c','e','d','b','h'],fill_value=0))
```

输出结果：

```
    a  c  e  d  b
2   1  5  2  6  5
4   8  7  8  3  3
1   8  4  8  4  5
3   2  8  1  7  7
0   7  8  8  4  7
reindex 之后:
    a  c  e  d  b
0   7  8  8  4  7
1   8  4  8  4  5
2   1  5  2  6  5
3   2  8  1  7  7
4   8  7  8  3  3
reindex 之后:
    a  b  c  d   E
2   1  5  5  5   6 NaN
4   8  3  7  3 NaN
1   8  5  4  4 NaN
```

```
3  2  7  8  7 NaN
0  7  7  8  4 NaN
```
ffill 之后：
```
   a  c  e  d  b
0  7  8  8  4  7
1  8  4  8  4  5
2  1  5  2  6  5
3  2  8  1  7  7
4  8  7  8  3  3
5  8  7  8  3  3
6  8  7  8  3  3
```
fill_value 之后：
```
   a  c  e  d  b  h
0  7  8  8  4  7  0
1  8  4  8  4  5  0
2  1  5  2  6  5  0
3  2  8  1  7  7  0
4  8  7  8  3  3  0
```

【示例 4-12】rename()函数应用。

程序代码：

```
import pandas as pd
import numpy as np
data={'name':pd.Series(['小明','小花','小兰','小胜']),
      'gender':pd.Series(['男','女','女','男']),
      'age':pd.Series([20,22,19,23]),
      'height':pd.Series([178,165,163,175]),
      'class': pd.Series(['1班','1班','2班','1班'])}
df=pd.DataFrame(data)
print(df)
print('rename 后 column: ')
print(df.rename(columns={'name':'a','class':'b'}))
print('rename 后 index: ')
print(df.rename(index={0:'a',1:'b'}))
```

输出结果：

```
    name  gender  age  height  class
0   小明      男     20    178     1班
1   小花      女     22    165     1班
2   小兰      女     19    163     2班
3   小胜      男     23    175     1班
rename 后 column:
    a    gender  age  height   b
0   小明      男     20    178    1班
1   小花      女     22    165    1班
2   小兰      女     19    163    2班
3   小胜      男     23    175    1班
RangeIndex(start=0, stop=4, step=1)
rename 后 index:
    name  gender  age  height  class
a   小明      男     20    178     1班
b   小花      女     22    165     1班
```

2	小兰	女	19	163	2 班
3	小胜	男	23	175	1 班

4.5.2　更换索引

更换索引

1. set_index()函数

DataFrame 可以通过 set_index()函数重新设置索引，设置单索引和复合索引，其格式如下：

```
DataFrame.set_index(keys, drop=True, append=False, inplace=False, verify_
integrity=False)
```

参数说明如下：

① keys：列标签或列标签/数组列表，需要设置为索引的列。

② drop：默认为 True，删除用作新索引的列。

③ append：默认为 False，是否将列附加到现有索引。

④ inplace：默认为 False，适当修改 DataFrame(不要创建新对象)。

⑤ verify_integrity：默认为 False，检查新索引的副本。

2. reset_index()函数

reset_index()函数可以还原索引，重新变为默认的整型索引，其格式如下：

```
DataFrame.reset_index(level=None, drop=False, inplace=False)
```

参数说明如下：

① level：控制了具体要还原的那个等级的索引。

② drop：为 False，则索引列会被还原为普通列，否则会丢失。

【示例 4-13】更换索引。

程序代码：

```
import pandas as pd
import numpy as np
data={'name':pd.Series(['小明','小花','小兰','小胜']),
      'gender':pd.Series(['男','女','女','男']),
      'age':pd.Series([20,22,19,23]),
      'height':pd.Series([178,165,163,175]),
      'class': pd.Series(['1班','1班','2班','1班'])}
df=pd.DataFrame(data)
print(df)
df1=df.set_index('name')
print(df1)
print(df1.reset_index())
print(df.set_index(['class','name']))
print(df.set_index(['class','name']).index)
```

输出结果：

	name	gender	age	height	class
0	小明	男	20	178	1 班
1	小花	女	22	165	1 班
2	小兰	女	19	163	2 班
3	小胜	男	23	175	1 班

```
name     gender   age    height  class
小明       男      20      178     1班
小花       女      22      165     1班
小兰       女      19      163     2班
小胜       男      23      175     1班
      name gender   age    height  class
0   小明       男      20      178     1班
1   小花       女      22      165     1班
2   小兰       女      19      163     2班
3   小胜       男      23      175     1班
class   name   gender   age    height
1班      小明       男      20      178
        小花       女      22      165
2班      小兰       女      19      163
1班      小胜       男      23      175
MultiIndex(levels=[['1班', '2班'], ['小兰', '小明', '小胜', '小花']],
        codes=[[0, 0, 1, 0], [1, 3, 0, 2]],
        names=['class', 'name'])
```

4.5.3 层次化索引

层次化索引是 Pandas 的一个重要的功能，它可以在一个轴上有多个（两个或两个以上）索引，这就表示着，它能够以低维度形式来表示高维度的数据。

对于 DataFrame 来说，行和列都能够进行层次化索引。层次化索引通过二维数组进行设置，二维数组中每一行为一个索引，多行就是多个索引。

【示例 4-14】层次化索引。

程序代码：

```python
import pandas as pd
import numpy as np
data={'name':['小明','小花','小兰','小胜'],
      'gender':['男','女','女','男'],
      'age':[20,22,19,23],
      'height':[178,165,163,175],
      'class':['1班','1班','2班','1班']}
df=pd.DataFrame(data,index=[['a','a','b','b'],['x1','x2','x3','x4']])
print(df)
print('-----------索引: -----------')
print(df.index)
print('----------索引 a 对应数据: -----')
print(df.loc['a'])
```

输出结果：

```
        name   gender   age    height   class
a x1    小明       男      20      178      1班
  x2    小花       女      22      165      1班
b x3    小兰       女      19      163      2班
  x4    小胜       男      23      175      1班
-----------索引: -----------
MultiIndex(levels=[['a', 'b'], ['x1', 'x2', 'x3', 'x4']],
        codes=[[0, 0, 1, 1], [0, 1, 2, 3]])
----------索引 a 对应数据: -----
```

	name	gender	age	height	class
x1	小明	男	20	178	1班
x2	小花	女	22	165	1班

4.6　Pandas 数据运算

4.6.1　算术运算

Pandas 算术
运算

Pandas 的 Series 数据对象在进行算术运算时，如果有相同的索引，则对相同索引的数据进行运算，如果没有相同索引，则引入缺失值。

Pandas 的 DataFrame 数据对象进行算术运算时，如果有相同的索引和列名，则对相同索引和列名的数据进行运算，如果没有相同的索引和列名，则引入缺失值。

Pandas 的 Series 和 DataFrame 对象也可以进行算术运算，因为维度不同，所以运算规则遵循广播规则，即 Series 对象根据 DataFrame 对象结构扩展为二维，变为多行的 DataFrame，每行数据都是 Series 本身。

【示例 4-15】系列（Series）算术运算。

程序代码：

```
import pandas as pd
s1=pd.Series([1,2,3],index=['a','b','c'])
s2=pd.Series([11,12,13],index=['a','b','d'])
print('s1=')
print(s1)
print('s2=')
print(s2)
print('s1+s2=')
print(s1+s2)
s3=pd.Series([1,2,3])
s4=pd.Series([11,12,13])
print('s3+s4=')
print(s3+s4)
```

输出结果：

```
s1=
a    1
b    2
c    3
dtype: int64
s2=
a    11
b    12
d    13
dtype: int64
s1+s2=
a    12.0
b    14.0
c     NaN
d     NaN
```

```
dtype: float64
s3+s4=
0    12
1    14
2    16
dtype: int64
```

【示例 4-16】数据帧（DataFrame）算术运算。

程序代码：

```
import pandas as pd
d1={'a':[1,2],
    'b':[3,4],
    'c':[5,6]}
df1=pd.DataFrame(d1)
d2={'a':[11,12],
    'b':[13,14],
    'd':[15,16]}
df2=pd.DataFrame(d2)
print(df1+df2)
```

输出结果：

```
    a   b   c    d
0  12  16  NaN  NaN
1  14  18  NaN  NaN
```

【示例 4-17】系列（Series）和数据帧（DataFrame）算术运算。

程序代码：

```
import pandas as pd
s=pd.Series([1,2,3],index=['a','b','c'])
d={'a':[1,2],
   'b':[3,4],
   'c':[5,6]}
df=pd.DataFrame(d)
print(df+s)
```

输出结果：

```
   a  b  c
0  2  5  8
1  3  6  9
```

4.6.2　函数应用与映射运算

函数应用与映射运算的作用是将其他函数或者自定义函数应用于 Pandas 的对象，函数主要包括：pipe()、apply()、applymap()和 map()。

函数 pipe()将其他函数套用在整个 DataFrame 上，即通过函数对 DataFrame 整体执行操作。

函数 apply()将其他函数套用到 DataFrame 的行或列上，可以指定 axis 的值设置作用行还是列，axis 默认值为 0，作用于 DataFrame 的列，axis 为 1 时，作用于 DataFrame 的行。

函数 applymap()将其他函数套用到 DataFrame 的每一个元素上。

函数应用与
映射运算

函数 map()将其他函数套用在 Series 的每个元素中，DataFrame 的行或者列都是 Series 对象。

【示例 4-18】pipe()函数应用。

程序代码：

```
import pandas as pd
import numpy as np
def fun(ele):
    return ele*2
data=np.arange(9).reshape(3,3)
df=pd.DataFrame(data,columns=['a','b','c'])
print(df.pipe(fun))
```

输出结果：

```
    a   b   c
0   0   2   4
1   6   8   10
2   12  14  16
```

【示例 4-19】apply()函数应用。

程序代码：

```
import pandas as pd
import numpy as np
df=pd.DataFrame(np.arange(12).reshape(3,4),columns=['a','b','c','d'])
print(df)
print(df.apply(np.mean))
print(df.apply(np.mean,axis=1))
print(df.apply(lambda x:np.sum(x)))
```

输出结果：

```
    a   b   c   d
0   0   1   2   3
1   4   5   6   7
2   8   9   10  11
a       4.0
b       5.0
c       6.0
d       7.0
dtype: float64
0       1.5
1       5.5
2       9.5
dtype: float64
a       12
b       15
c       18
d       21
dtype: int64
```

【示例4-20】map()函数应用。

程序代码：

```
import pandas as pd
import numpy as np
df=pd.DataFrame(np.arange(12).reshape(3,4),columns=['a','b','c','d'])
print(df)
print(df.applymap(lambda x:np.power(x,2)))
```

输出结果：

```
   a  b   c   d
0  0  1   2   3
1  4  5   6   7
2  8  9  10  11
    a   b    c    d
0   0   1    4    9
1  16  25   36   49
2  64  81  100  121
```

4.6.3 排序

Pandas 有两种排序方式，分别是：按标签排序和按实际值排序。

1. sort_index()函数

```
sort_index(axis=0, level=None, ascending=True, inplace=False, kind=
'quicksort', na_position= 'last', sort_remaining=True, by=None)
```

参数说明如下：

① axis：0 按照行名排序；1 按照列名排序。

② level：默认 None，否则按照给定的 level 顺序排列。

③ ascending：默认 True 升序排列；False 降序排列。

④ inplace：默认 False，否则排序之后的数据直接替换原来的数据集。

⑤ kind：默认 quicksort，排序的方法。

⑥ na_position：缺失值默认排在最后{"first","last"}。

⑦ by：按照那一列数据进行排序。

DataFrame
排序

2. sort_values()函数

```
DataFrame.sort_values(by, axis=0, ascending=True, inplace=False, kind=
'quicksort', na_position='last')
```

参数说明如下：

① axis：坐标轴，取值为 0（或'index'）和 1(或'columns')，默认为 0，默认按照索引排序，即纵向排序，如果为 1，则是横向排序。

② by：是一个字符串或字符串列表，如果 axis=0，则 by="列名"；如果 axis=1，则 by="行名"。

③ ascending：布尔型，True 则升序，可以是[True,False]，即第一字段升序，第二个降序。

④ inplace：布尔型，是否用排序后的数据框替换现有的数据框。

⑤ kind：排序方法，{'quicksort', 'mergesort', 'heapsort'}，默认为 quicksort。

⑥ na_position：{'first','last'}，默认值为'last'，默认缺失值排在最后面。

【示例 4-21】排序。

程序代码：

```python
import pandas as pd
import numpy as np
data=np.array([[2,5,3,7],[16,14,2,16],[29,27,2,25]])
df=pd.DataFrame(data,index=[0,4,2],columns=['a','c','b','d'])
print('原数据帧')
print(df)
print('按行索引升序')
print(df.sort_index())
print('按行索引降序升序')
print(df.sort_index(ascending=False))
print('按列索引升序')
print(df.sort_index(axis=1))
print('按列索引降序')
print(df.sort_index(ascending=False,axis=1))
print(df.sort_values(by='b'))
print(df.sort_values(by=['b','c']))
```

输出结果：

```
原数据帧
    a   c  b   d
0   2   5  3   7
4  16  14  2  16
2  29  27  2  25
按行索引升序
    a   c  b   d
0   2   5  3   7
2  29  27  2  25
4  16  14  2  16
按行索引降序升序
    a   c  b   d
4  16  14  2  16
2  29  27  2  25
0   2   5  3   7
按列索引升序
    a  b   c   d
0   2  3   5   7
4  16  2  14  16
2  29  2  27  25
按列索引降序
    d   c  b   a
0   7   5  3   2
4  16  14  2  16
2  25  27  2  29
    a   c  b   d
4  16  14  2  16
2  29  27  2  25
0   2   5  3   7
    a   c  b   d
```

```
4   16  14  2  16
2   29  27  2  25
0   2   5   3  7
```

4.6.4 迭代

Pandas 对象之间的基本迭代方式取决于类型（数据结构）。当迭代一个系列时，它被视为数组。DataFrame 和 Panel 遵循类似惯例迭代对象的键。

DataFrame
迭代

1. 迭代 DataFrame 的列

① DataFrame 的数据本身就是多列构成的，迭代 DataFrame 的列是比较容易的。

【示例 4-22】DataFrame 迭代。

程序代码：

```
import pandas as pd
import numpy as np
data=np.array([[2,5,3,7],[16,14,2,16],[29,27,2,25]])
df=pd.DataFrame(data,index=[0,4,2],columns=['a','c','b','d'])
for col in df:
    print(col)
    print(df[col])
```

输出结果：

```
a
0    2
4    16
2    29
Name: a, dtype: int32
c
0    5
4    14
2    27
Name: c, dtype: int32
b
0    3
4    2
2    2
Name: b, dtype: int32
d
0    7
4    16
2    25
Name: d, dtype: int32
```

② iteritems()返回(key，value)对，将每个列名作为键，将列数据的 Series 对象作为值。

【示例 4-23】iteritems()迭代函数应用。

程序代码：

```
import pandas as pd
import numpy as np
data=np.array([[2,5,3,7],[16,14,2,16],[29,27,2,25]])
```

```
df=pd.DataFrame(data,index=[0,4,2],columns=['a','c','b','d'])
for key,value in df.iteritems():
    print('key=',key)
    print(value)
```

输出结果：

```
key=a
0     2
4    16
2    29
Name: a, dtype: int32
key=c
0     5
4    14
2    27
Name: c, dtype: int32
key=b
0     3
4     2
2     2
Name: b, dtype: int32
key=d
0     7
4    16
2    25
Name: d, dtype: int32
```

2. 迭代 DataFrame 的行

遍历 DataFrame 的行可以使用以下函数：

① iterrows()：将行迭代为(索引，系列)对，产生每个行索引值以及包含每行数据的序列。

② itertuples()：以 namedtuples 的形式迭代行，是一个命名元组迭代器，其中的值是行的数据。

【示例 4-24】iterrows()迭代函数应用。

程序代码：

```
import pandas as pd
import numpy as np
data=np.array([[2,5,3,7],[16,14,2,16],[29,27,2,25]])
df=pd.DataFrame(data,index=[0,4,2],columns=['a','c','b','d'])
for row_index,row in df.iterrows():
    print('row_index=',row_index)
    print(row)
```

输出结果：

```
row_index=0
a    2
c    5
b    3
d    7
Name: 0, dtype: int32
row_index=4
```

```
a    16
c    14
b     2
d    16
Name: 4, dtype: int32
row_index=2
a    29
c    27
b     2
d    25
Name: 2, dtype: int32
```

【示例 4-25】itertuples() 函数应用。

程序代码：

```
import pandas as pd
import numpy as np
data=np.array([[2,5,3,7],[16,14,2,16],[29,27,2,25]])
df=pd.DataFrame(data,index=[0,4,2],columns=['a','c','b','d'])
for row in df.itertuples():
    print(row)
```

输出结果：

```
Pandas(Index=0, a=2, c=5, b=3, d=7)
Pandas(Index=4, a=16, c=14, b=2, d=16)
Pandas(Index=2, a=29, c=27, b=2, d=25)
```

4.6.5　唯一值与值计数

唯一值函数 unique() 的作用是去重，只留下不重复的元素。

值计数函数 value_counts() 的作用是计算去重之后的每一个元素的个数。

【示例 4-26】唯一值和值计数。

程序代码：

唯一值与值
计数

```
import pandas as pd
s=pd.Series(list('erverone should learn pandas'))
print('s.unique=',s.unique())
print('计数: ')
print(s.value_counts())
df=pd.DataFrame({'a':[1,2,3,4,3,2,2],'b':[3,2,3,3,2,3,4]})
print(df['a'].unique())
print('------------')
print(df.iloc[1].value_counts())
```

输出结果：

```
s.unique= ['e' 'r' 'v' 'o' 'n' ' ' 's' 'h' 'u' 'l' 'd' 'a' 'p']
计数:
e    4
     3
a    3
r    3
n    3
```

```
l      2
d      2
o      2
s      2
p      1
v      1
u      1
h      1
dtype: int64
[1 2 3 4]
------------
2      2
Name: 1, dtype: int64
```

4.7 统计函数

4.7.1 描述性统计

描述性统计

Pandas 中重要的描述性统计函数如表 4-6 所示。

注意：

① abs()、prod()、cumprod() 函数无法执行包含字符或字符串的数据，否则会出现异常。

表 4-6 重要的描述性统计函数

函　　数	描　　述
count()	非空观测数量
sum()	所有值之和
mean()	所有值的平均值
median()	所有值的中位数
mode()	值的模值
std()	值的标准偏差
min()	所有值中的最小值
max()	所有值中的最大值
abs()	绝对值
prod()	数组元素的乘积
cumsum()	累计总和
cumprod()	累计乘积
describe()	计算有关 DataFrame 列的统计信息的摘要

② 上述函数通常采用轴参数进行统计，轴参数可以通过名称或整数来指定，当 axis=0（默认）时按行（index）统计，当 axis=1 时按列（column）统计。

③ describe() 函数的参数 include，指定显示摘要的哪些信息，其值包括 3 个：object（汇总字符串列）、number（汇总数字列）、all（将所有列汇总在一起），include 的默认值为 number。

【示例 4-27】描述性统计函数。

程序代码：

```
import pandas as pd
```

```
import numpy as np
d={'a':[1,2,3,4],
   'b':[5,6,7,8],
   'c':[9,10,11,12]}
df=pd.DataFrame(d)
print('count=',df.count())
print('mean=',df.mean())
print('sum=',df.sum())
print('median=',df.median())
print('mode=',df.mode())
print('std=',df.std())
print('min=',df.min())
print('max=',df.max())
print('abs=',df.abs())
print('prod=',df.prod())
print('cumsum=',df.cumsum())
print('cumprod=',df.cumprod())
print('describe=',df.describe())
print('mean(axis=1)=',df.mean(axis=1))
print('sum(axis=1)=',df.sum(axis=1))
print('median(axis=1)=',df.median(axis=1))
print('mode(axis=1)=',df.mode(axis=1))
print('std(axis=1)=',df.std(axis=1))
print('min(axis=1)=',df.min(axis=1))
print('max(axis=1)=',df.max(axis=1))
print('prod(axis=1)=',df.prod(axis=1))
print('cumsum(axis=1)=',df.cumsum(axis=1))
print('cumprod(axis=1)=',df.cumprod(axis=1))
```

输出结果:

```
count=a    4
      b    4
      c    4
dtype: int64
mean=a     2.5
     b     6.5
     c    10.5
dtype: float64
sum=a    10
    b    26
    c    42
dtype: int64
median=a     2.5
       b     6.5
       c    10.5
dtype: float64
mode=    a  b   c
     0  1  5   9
     1  2  6  10
     2  3  7  11
     3  4  8  12
std= a    1.290994
```

```
       b    1.290994
       c    1.290994
dtype: float64
min= a    1
     b    5
     c    9
dtype: int64
max= a     4
     b     8
     c    12
dtype: int64
abs=    a  b   c
    0   1  5   9
    1   2  6  10
    2   3  7  11
    3   4  8  12
prod= a      24
      b    1680
      c   11880
dtype: int64
cumsum=    a   b   c
       0   1   5   9
       1   3  11  19
       2   6  18  30
       3  10  26  42
cumprod=    a     b      c
        0   1     5      9
        1   2    30     90
        2   6   210    990
        3  24  1680  11880
describe=    a         b          c
 count  4.000000  4.000000   4.000000
 mean   2.500000  6.500000  10.500000
 std    1.290994  1.290994   1.290994
 min    1.000000  5.000000   9.000000
 25%    1.750000  5.750000   9.750000
 50%    2.500000  6.500000  10.500000
 75%    3.250000  7.250000  11.250000
 max    4.000000  8.000000  12.000000
mean(axis=1)= 0    5.0
              1    6.0
              2    7.0
              3    8.0
dtype: float64
sum(axis=1)= 0    15
             1    18
             2    21
             3    24
dtype: int64
median(axis=1)= 0    5.0
                1    6.0
                2    7.0
                3    8.0
```

```
dtype: float64
mode(axis=1)=      0  1   2
              0   1  5   9
              1   2  6  10
              2   3  7  11
              3   4  8  12
std(axis=1)= 0    4.0
             1    4.0
             2    4.0
             3    4.0
dtype: float64
min(axis=1)= 0    1
             1    2
             2    3
             3    4
dtype: int64
max(axis=1)= 0     9
             1    10
             2    11
             3    12
dtype: int64
prod(axis=1)= 0     45
              1    120
              2    231
              3    384
dtype: int64
cumsum(axis=1)=      a   b   c
                 0   1   6  15
                 1   2   8  18
                 2   3  10  21
                 3   4  12  24
cumprod(axis=1)=     a   b    c
                 0   1   5   45
                 1   2  12  120
                 2   3  21  231
                 3   4  32  384
```

4.7.2 变化率

变化率

变化率使用 pct_change()函数求解，系列和 DataFrame 都可以通过 pct_change()函数将每个元素与其前一个元素进行比较，并计算变化百分比。

默认情况下，pct_change()对列进行操作；如果想应用到行上，可使用 axis = 1 参数。

【示例 4-28】pct_change()变化率。
程序代码：

```
import pandas as pd
import numpy as np
s=pd.Series([1,2,3,4,5])
print (s.pct_change())
d={'a':[1,2,3,4],
   'b':[5,6,7,8],
```

```
        'c':[9,10,11,12]}
df=pd.DataFrame(d)
print(df.pct_change())
print(df.pct_change(axis=1))
```

输出结果：

```
0        NaN
1    1.000000
2    0.500000
3    0.333333
4    0.250000
5   -0.200000
dtype: float64
          a         b         c
0       NaN       NaN       NaN
1  1.000000  0.200000  0.111111
2  0.500000  0.166667  0.100000
3  0.333333  0.142857  0.090909
     a         b         c
0  NaN  4.000000  0.800000
1  NaN  2.000000  0.666667
2  NaN  1.333333  0.571429
3  NaN  1.000000  0.500000
```

4.7.3　协方差

协方差

Panda 使用 cov()函数求解两个 Series 或 DataFrame 的列之间的协方差。如果数据对象中出现 NaN 数据，将被自动排除。

【示例 4-29】利用 cov()函数求协方差。

程序代码：

```
import pandas as pd
import numpy as np
df=pd.DataFrame(np.random.randn(6, 4), columns=['a', 'b', 'c', 'd'])
print('列 a 与列 b 协方差=',df['a'].cov(df['b']))
print('DataFrame 协方差=')
print(df.cov())
```

输出结果：

```
列 a 与列 b 协方差= 1.6416311933466314
DataFrame 协方差=
          a         b         c         d
a  3.634703  1.641631  0.300408 -0.063565
b  1.641631  1.144580  0.243832 -0.085925
c  0.300408  0.243832  0.978485  0.155239
d -0.063565 -0.085925  0.155239  0.440028
```

4.7.4　相关性

相关性

相关性显示了任何两个数值（系列）之间的线性关系。

```
DataFrame.corr(method='pearson', min_periods=1)
```

参数说明如下：

① method：可选值为'pearson'、'kendall'和'spearman'。

- pearson：用 pearson 相关系数来衡量两个数据集合是否在一条线上面，即针对线性数据的相关系数计算，针对非线性数据便会有误差。

- kendall：用于反映分类变量相关性的指标，即针对无序序列的相关系数，非正太分布的数据。

- spearman：非线性的，非正态分析的数据的相关系数。

② min_periods：样本最少的数据量。

返回值：各类型之间的相关系数 DataFrame 表格。

【示例 4-30】corr()相关性。

程序代码：

```
import pandas as pd
import numpy as np
df=pd.DataFrame(np.random.randn(6, 4), columns=['a', 'b', 'c', 'd'])
print('列 a 与列 b 相关性=',df['a'].corr(df['b']))
print('DataFrame 相关性=')
print(df.corr())
```

输出结果：

```
列 a 与列 b 相关性= -0.21463584864937257
DataFrame 相关性=
          a         b         c         d
a  1.000000 -0.214636 -0.106713  0.263946
b -0.214636  1.000000 -0.635306  0.275757
c -0.106713 -0.635306  1.000000 -0.227050
d  0.263946  0.275757 -0.227050  1.000000
```

4.7.5 数据排名

数据排名为元素数组中的每个元素生成排名，使用 rank()函数实现，其参数 axis 表示按照 index（默认 axis=0）还是按照 column（axis=1）排名，参数 method 表示排名依据：average（并列组平均排序等级）、min（组中最低的排序等级）、max（组中最高的排序等级）、first（按照它们出现在数组中的顺序分配队列）。

【示例 4-31】rank 数据排名。

程序代码：

```
import pandas as pd
import numpy as np
df=pd.DataFrame(np.random.np.random.randn(4,4),  index=['first','second',
'third','fouth'],columns=list('abcd'))
print('原始数据=')
print(df)
print ('df.rank=')
print (df.rank())
print ("df.rank(method='min',axis=1)=")
print (df.rank(method='min',axis=1))
print (df.rank(method='max'))
```

```
print (df.rank(method='first'))
```

输出结果：

```
原始数据=
           a         b         c         d
first   0.531338  0.415271  0.881969  0.555702
second -0.484281  0.106473 -2.975244 -0.094556
third   0.015297  0.292679  1.037440 -1.367599
fouth  -1.790983  0.643342 -0.128892 -1.141627
df.rank=
        a    b    c    d
first   4.0  2.0  2.0  4.0
second  1.0  4.0  3.0  3.0
third   2.0  1.0  4.0  1.0
fouth   3.0  3.0  1.0  2.0
df.rank(method='min',axis=1)=
        a    b    c    d
first   3.0  1.0  2.0  4.0
second  1.0  4.0  2.0  3.0
third   2.0  3.0  4.0  1.0
fouth   3.0  4.0  2.0  1.0
        a    b    c    d
first   4.0  2.0  2.0  4.0
second  1.0  4.0  3.0  3.0
third   2.0  1.0  4.0  1.0
fouth   3.0  3.0  1.0  2.0
        a    b    c    d
first   4.0  2.0  2.0  4.0
second  1.0  4.0  3.0  3.0
third   2.0  1.0  4.0  1.0
fouth   3.0  3.0  1.0  2.0
```

4.8　分组与聚合

分组(groupby)操作是指把数据分成多个集合。通常分组之后会在子集上进行函数运算，如聚合、转换和过滤。

4.8.1　分组

分组是按照指定条件把给定的数据分成若干组的过程，例如，可以按照班级、出生城市、年龄等把学生分组若干组。

Pandas 的 DataFrame 对象可以使用 groupby() 函数进行分组,函数 groupby() 格式如下：

分组

```
df.groupby(key)
```

其中，参数 key 是分组键，可以使列名、列名组成的列表或元组、字典、函数等，通常是列名或列名组合。

分组后可以通过 groups() 函数查看分组，例如：

```
df.groupby(key).groups
```

分组后可以通过 get_group()函数选择一个分组

```
df.groupby(key).get_group()
```

分组结果集合是一个把名称作为键，分组（小组）作为值的字典，比如{'1班':{},'2班':{}}，因此迭代分组结果集可以使用 for 循环，如下所示：

```
for name,group in groups:
```

其中，groups 是 df.groupby()的一个结果（分组集）。

【示例 4-32】分组。

程序代码：

```
import pandas as pd
import numpy as np
d={'name':pd.Series(['小明','小花','小兰','小胜']),
    'gender':pd.Series(['男','女','女','男']),
    'age':pd.Series([20,22,19,23]),
    'height':pd.Series([178,165,163,175]),
    'class': pd.Series(['1班','1班','2班','1班'])}
df=pd.DataFrame(d)
print('原数据帧: ')
print(df)
df_group=df.groupby('gender')
print('分最后 group')
print(df_group)
print('查看分组结果')
print(df_group.groups)
print('男生组: ')
print(df_group.get_group('男'))
print('女生组: ')
print(df_group.get_group('女'))
print('按班级、性别分组')
print(df.groupby(['class','gender']).groups)
print('按 1 班、男生组: ')
print(df.groupby(['class','gender']).get_group(('1班','男')))
print('迭代分组')
groups=df.groupby('class')
for name,group in groups:
    print(name)
    print(group)
```

输出结果：

```
原数据帧:
    name  gender  age  height  class
0   小明     男      20   178     1班
1   小花     女      22   165     1班
2   小兰     女      19   163     2班
3   小胜     男      23   175     1班
分最后 group
<pandas.core.groupby.generic.DataFrameGroupBy object at 0x0000013EEED870B8>
查看分组结果
```

```
{'女': Int64Index([1, 2], dtype='int64'), '男': Int64Index([0, 3],
dtype='int64')}
    男生组:
        name  gender  age  height  class
    0   小明      男    20    178    1班
    3   小胜      男    23    175    1班
    女生组:
        name  gender  age  height  class
    1   小花      女    22    165    1班
    2   小兰      女    19    163    2班
    按班级、性别分组
    {('1班', '女'): Int64Index([1], dtype='int64'), ('1班', '男'):
Int64Index([0, 3], dtype='int64'), ('2班', '女'): Int64Index([2], dtype=
'int64')}
    按1班、男生组:
        name  gender  age  height  class
    0   小明      男    20    178    1班
    3   小胜      男    23    175    1班
    迭代分组
    1班
        name  gender  age  height  class
    0   小明      男    20    178    1班
    1   小花      女    22    165    1班
    3   小胜      男    23    175    1班
    2班
        name  gender  age  height  class
    2   小兰      女    19    163    2班
```

4.8.2 聚合

聚合函数为每个组返回单个聚合值。当创建了分组(group by)对象时，就可以对分组数据执行多个聚合操作。

1. agg()函数聚合

方法 agg()是比较常用的聚合函数，agg()的参数可以是一个函数，也可以是多个函数组成的列表。

【示例 4-33】agg()聚合函数应用。

程序代码：

```
import pandas as pd
import numpy as np
d={'name':pd.Series(['小明','小花','小兰','小胜']),
   'gender':pd.Series(['男','女','女','男']),
   'age':pd.Series([20,22,19,23]),
   'height':pd.Series([178,165,163,175]),
   'class': pd.Series(['1班','1班','2班','1班'])}
df=pd.DataFrame(d)
groups=df.groupby('class')
print('班级平均: ')
print(groups.agg(np.mean))
print('不同性别学生的最大值')
print(df.groupby('gender').agg(np.max))
```

```
print('不同性别学生人数: ')
print(df.groupby('gender').agg(np.size))
print(df.groupby('gender').agg([np.max,np.min,np.std]))
```

输出结果:

```
班级平均:
class       age         height
1班      21.666667   172.666667
2班      19.000000   163.000000
不同性别学生的最大值
gender
女     22
男     23
Name: age, dtype: int64
不同性别学生人数:
gender   name   age   height   class
女         2      2      2        2
男         2      2      2        2
              age                      height
gender   amax  amin    std      amax  amin     std
女        22    19    2.12132    165   163   1.414214
男        23    20    2.12132    178   175   2.121320
```

2. apply()函数聚合

【示例 4-34】apply()聚合函数应用。

程序代码:

```
import pandas as pd
import numpy as np
d={'name':pd.Series(['小明','小花','小兰','小胜']),
   'gender':pd.Series(['男','女','女','男']),
   'age':pd.Series([20,22,19,23]),
   'height':pd.Series([178,165,163,175]),
   'class': pd.Series(['1班','1班','2班','1班'])}
df=pd.DataFrame(d)
groups=df.groupby('class')
print('班级平均: ')
print(groups.apply(np.mean))
```

输出结果:

```
班级平均:
class       age         height
1班      21.666667   172.666667
2班      19.000000   163.000000
```

函数 agg()和 apply()的作用基本相同,不同之处在于 apply()只能作用于整个数据帧,而 agg()可以对不同字段应用不同函数。

3. Transform()函数聚合

转换应该返回与组块大小相同的结果。

【示例 4-35】transform()聚合函数应用。

程序代码：

```
import pandas as pd
import numpy as np
d={'name':pd.Series(['小明','小花','小兰','小胜']),
   'gender':pd.Series(['男','女','女','男']),
   'age':pd.Series([20,22,19,23]),
   'height':pd.Series([178,165,163,175]),
   'class': pd.Series(['1班','1班','2班','1班'])}
df=pd.DataFrame(d)
print('班级平均: ')
print(df.groupby('class').transform(np.mean))
print('不同性别学生的最大')
print(df.groupby('class').transform(np.max))
```

输出结果：

```
班级平均:
        age       height
0  21.666667  172.666667
1  21.666667  172.666667
2  19.000000  163.000000
3  21.666667  172.666667
不同性别学生的最大
     name  gender  age  height
0    小花      男     23     178
1    小花      男     23     178
2    小兰      女     19     163
3    小花      男     23     178
```

4. 过滤

过滤的作用是根据定义的标准过滤数据并返回数据的子集，过滤数据使用函数 filter() 实现。

【示例 4-36】filter() 函数应用。

程序代码：

```
import pandas as pd
import numpy as np
d={'name':pd.Series(['小明','小花','小兰','小胜']),
   'gender':pd.Series(['男','女','女','男']),
   'age':pd.Series([20,22,19,23]),
   'height':pd.Series([178,165,163,175]),
   'class': pd.Series(['1班','1班','2班','1班'])}
df=pd.DataFrame(d)
print(df.groupby('class').filter(lambda x: len(x)>=2))
print(df.groupby('class').filter(lambda x: len(x)<2))
```

输出结果：

```
     name  gender  age  height  class
0    小明      男     20     178    1班
1    小花      女     22     165    1班
3    小胜      男     23     175    1班
```

```
       name   gender   age   height   class
2       小兰      女      19    163      2班
```

4.9   透视表与交叉表

透视表（pivot table）是各种电子表格程序和其他数据分析软件中一种常见的数据汇总工具。它根据一个或多个键对数据进行聚合，并根据行和列上的分组键将数据分配到各个矩形区域。交叉表（cross-tabulation, 简称 crosstab）是一种用于计算分组频率的特殊透视表。

在 pandas 中，可以通过 groupby 功能以及重塑运算制作透视表。DataFrame 有一个 pivot_table()函数，除了能为 groupby 提供便利之外，pivot_table()还可以添加分项小计（margins）。

透视表 pivot_table()是一种进行分组统计的函数，参数 aggfunc 决定统计类型；交叉表 crosstab()是一种特殊的 pivot_table()，专用于计算分组频率。

4.9.1   透视表

函数 pivot_table()绘制透视表，其参数说明如下：

① data：一个 DataFrame 数据集，也可以通过 df.pivot_table()调用。

② values：待聚合的列的名称，默认聚合所有数值列。

③ index：用于分组的列名或其他分组键，出现在结果透视表的行。

④ columns：用于分组的列名或其他分组键，出现在结果透视表的列

⑤ aggfunc：聚合函数或函数列表，默认为'mean'. 可以使用其他聚合函数。

⑥ fill_value：用于替换结果表中的缺失值。

⑦ dropna：一个 boolean 值，默认为 True，删除缺失值。

⑧ margins_name：一个 string，默认为'ALL'，当参数 margins 为 True 时，margins_name 是 ALL 行和列的名字。

注意：透视表通常也可以通过分组后聚合实现，但是没有透视表 pivot_table()函数方便。

【示例 4-37】透视表。

程序代码：

```
import pandas as pd
import numpy as np
d={'name':pd.Series(['小明','小花','小兰','小胜']),
   'gender':pd.Series(['男','女','女','男']),
   'age':pd.Series([20,22,19,23]),
   'height':pd.Series([178,165,163,175]),
   'class': pd.Series(['1班','1班','2班','1班'])}
df=pd.DataFrame(d)
print(df.groupby(['class','gender']).mean())
print(df.pivot_table(values='age',index='gender',columns='class'))
print(df.pivot_table(values='hight',index='class',columns='gender',agg
func='sum',margins=True,margins_name='合计'))
```

输出结果：

```
class   gender    age   height
1班        女      22.0   165.0
```

```
           男         21.5  176.5
2班         女         19.0  163.0
class      1班    2班
gender
女         22.0  19.0
男         21.5  NaN
gender     女       男    合计
class
1班        165.0  353.0  518
2班        163.0   NaN   163
合计        328.0  353.0  681
```

4.9.2　交叉表

交叉表

　　交叉表是一种特殊的透视表，专用于计算分组频率，其虽然可以用 pivot_table()实现，但是 pandas.crosstab()函数会更方便，默认统计个数（次数）。

```
pd.crosstab(index, columns, margins=False)
```

　　参数 index 是行索引数据，columns 是列索引数据。

【示例 4-38】交叉表。

程序代码：

```
import pandas as pd
import numpy as np
d={'name':pd.Series(['小明','小花','小兰','小胜']),
    'gender':pd.Series(['男','女','女','男']),
    'age':pd.Series([20,22,19,23]),
    'hight':pd.Series([178,165,163,175]),
    'class': pd.Series(['1班','1班','2班','1班'])}
df=pd.DataFrame(d)
print(pd.crosstab(index=df['gender'], columns=df['class']))
print(pd.crosstab(index=df['class'], columns=df['gender'],margins=True))
print(pd.crosstab(index=df['class'], columns=df['gender'],values=df['age'],
aggfunc='mean',margins=True))
```

　　输出结果：

```
class      1班  2班
gender
女          1   1
男          2   0
gender     女  男  All
class
1班         1   2   3
2班         1   0   1
All         2   2   4
gender      女      男       All
class
1班         22.0   21.5   21.666667
2班         19.0   NaN    19.000000
All         20.5   21.5   21.000000
```

小 结

本章学习了 pandas 的常用数据结构：Series 和 DataFrame。DataFrame 数据对象的创建和使用是本章的重点，包括DataFrame的基本功能，读取外部数据生成DataFrame对象，DataFrame行列操作、重建索引、更换索引和层次化索引以及 DataFrame 的数据运算和统计函数，DataFrame 数据在分组的基础上聚合、转换和过滤，使用 DataFrame 数据制作透视表和交叉表。

本章内容较多，知识点琐碎，需要多加练习才能较好地掌握。

 习 题

一、选择题

1. 函数应用与映射函数作用于 DataFrame 的列的是（　　）。

A. pipe　　　　　　B. apply　　　　　　C. applymap　　　　　　D. map

2. 重建索引函数（　　）。

A. rename　　　　　B. set_index　　　　C. reset_index　　　　D. reindex

3. 求协方差的函数是（　　）。

A. pct_change　　　B. corr　　　　　　C. rank　　　　　　　D. cov

二、填空题

1. 数据对象 DataFrame 的 head()函数的作用是＿＿＿＿＿＿。

2. 函数 read_csv()的参数 sep 的作用是指定＿＿＿＿＿＿。

3. 数据对象 DataFrame 选取行的函数主要是 loc()函数和＿＿＿＿＿＿函数。

4. 透视表和交叉表的函数是＿＿＿＿＿＿和＿＿＿＿＿＿。

三、简答题

1. Pandas 有哪些数据结构？

2. Pandas 的统计函数有哪些？

3. 聚合函数有哪些？

 实 验

一、实验目的

① 掌握 DataFrame 数据结构的创建和基本使用方法。

② 掌握读取外部数据的读取方法。

③ 掌握 DataFrame 的高级索引函数。

④ 掌握 Pandas 的数据运算，包括算术运算、函数映射、排序、迭代等运算，以及统计函数。

⑤ 掌握 DataFrame 的分组与聚合。

⑥ 掌握透视表、交叉表方法的使用。

二、实验内容

① DataFrame 的创建和行列操作。

② DataFrame 的高级索引。

③ Pandas 数据运算。

④ 统计函数。

⑤ 分组与聚合。

⑥ 透视表与交叉表

三、实验过程

1. pandas 数据结构

（1）Series()

```
import numpy as np
import pandas as pd
s1=pd.Series(np.arange(10))
print(s1)
print(s1[0:4])
s2=pd.Series(np.linspace(1,20,4),index=['a','b','c','d'])
print(s2)
print(s2[['a','b']])
```

（2）DataFrame()

```
import numpy as np
import pandas as pd
df=pd.DataFrame(np.random.randint(11,50,size=(10,4)))
print(df)
print(df[0])
print(df[0:3])
print(df.loc[0:2])
df=pd.DataFrame(np.random.randint(11,50,size=(10,4)),index=[9,3,4,6,8,
0,1,2,5,7],columns=['a','d','c','b'])
print('原数据---------------------')
print(df)
print(df.sort_index())
print(df.sort_index(axis=1))
print(df.sort_values(by='a'))
for row_index,row in df.iterrows():
    print('row_index=',row_index)
    print(row)
print('基本功能')
print(df.T)
print(df.axes)
print(df.dtypes)
print(df.empty)
print(df.ndim)
print(df.shape)
print(df.size)
print(df.values)
```

```
print(df.head())
print(df.tail())
```

2. 高级索引

（1）reindex()

```
import pandas as pd
import numpy as np
df=pd.DataFrame({
    'x': np.linspace(0,stop=9,num=10),
    'y': np.random.rand(10),
    'z': np.random.choice(['a','b','c'],10),
    'a': np.random.normal(100, 10, size=(10))
})
df1=df.reindex(index=[0,2,5], columns=['x', 'C', 'a'])
print(df)
print(df1)
```

（2）set_index()

```
import pandas as pd
import numpy as np
df=pd.DataFrame({
    'x': np.linspace(0,stop=9,num=10),
    'y': np.random.rand(10),
    'z': np.random.choice(['a','b','c'],10),
    'a': np.random.normal(100, 10, size=(10))
})
df1=df.set_index('a')
df2=df.set_index(['a','z'])
print(df)
print(df1)
print(df2)
```

3. 函数应用

```
import pandas as pd
import numpy as np
data=np.arange(0,16).reshape(4,4)
df=pd.DataFrame(data,columns=['a','b','c','d'])
def f1(x):
    return x-1
def f2(x):
    return np.max(x)
print(df)
print(df.apply(f1))
print(df.apply(f2,axis=1))
def f3(x):
    if np.mod(x,2)==0:
        return 1
    else:
        return -1
print(df.applymap(f3))
```

4．遍历数据帧（DataFrame）

```
import pandas as pd
import numpy as np
df=pd.DataFrame(np.random.randn(10,6),columns=['a','b','c','d','e', 'h'])
print(df)
for key,value in df.iteritems():
    print (key)
    print(value)
for row_index,row in df.iterrows():
    print (row_index)
    print (row)
for row in df.itertuples():
    print (row)
```

5．统计函数

```
import pandas as pd
import numpy as np
df=pd.DataFrame(np.linspace(1,99,50).reshape(10,5),columns=['a','b','c',
'd','e'])
print(df)
print(df.count())
print(df.sum())
print(df.mean())
print(df.median())
print(df.mode())
print(df.std())
print(df.min())
print(df.max())
print(df.abs())
print(df.prod())
print(df.cumsum())
print(df.cumprod)
print(df.describe)
print(df.pct_change())
print(df.cov())
print(df.corr())
```

6．分组

程序代码（一）

```
import pandas as pd
import numpy as np
df=pd.DataFrame({
    'a': np.random.choice(['x','y','z'],10),
    'b': np.random.choice(['one','two','three'],10),
    'c': np.random.normal(100, 10, size=(10)),
    'd': np.linspace(1,10,10),
    'e':np.random.rand(10),
```

```
})
print(df)
print('分组')
print(df.groupby(by='a'))
print('分组后的 groups')
print(df.groupby(by='a').groups)
print('x 分组')
print(df.groupby(by='a').get_group('x'))
print('遍历分组')
for group in df.groupby(by='a'):
    print(group)
print(df.groupby(by=['a','b']).groups)
```

程序代码（二）

```
import pandas as pd
import numpy as np
df=pd.DataFrame({
    'a': np.random.choice(['x','y','z'],10),
    'c': np.random.normal(100, 10, size=(10)),
    'd': np.linspace(1,10,10),
    'e':np.random.rand(10),
})
print(df)
print(df.groupby(by='a').agg(max))
print(df.groupby(by='a').transform(lambda x: np.sqrt(x)*10))
print(df.groupby(by='a').filter(lambda x: len(x)<4))
```

7. 透视表和交叉表

```
import pandas as pd
import numpy as np
import seaborn as sns
tips=sns.load_dataset('tips')
print(tips)
print(tips.pivot_table(index=['sex','smoker']))
print(pd.crosstab([tips.time,tips.day],tips.smoker,margins=True))
```

第5章

数据预处理

 学习目标

● 熟悉数据清洗的概念和方法，掌握重复值、缺失值和异常值的检测与处理。
● 掌握 DataFrame 对象的合并连接与重塑方法。
● 熟悉数据变换的种类，掌握常用的数据变换方法。

引言

数据预处理是一项极其重要又十分烦琐的工作，数据预处理的好坏对数据分析结果有决定性作用，同时在实际的数据分析和建模中，大约 80% 的时间是花费在数据准备和预处理上的。

5.1 数据清洗

数据清洗主要是处理原始数据中的重复数据、缺失数据和异常数据，使数据分析不受无效数据的影响。

5.1.1 重复值

原始数据往往会出现重复数据，对于重复的数据通常需要删除多余记录，保留一份即可。

1. 检测重复值

函数 duplicated() 可以检测数据是否重复。参数 subset 用于识别重复的列标签或列标签序列，默认 None 表示所有列标签。

重复值检测预处理

2. 处理重复值

drop_duplicates() 函数可以删除重复记录。

① 参数 subset 与 duplicated() 函数的 subset 相同。

② 参数 keep 是特定字符串，表示重复时保留哪个记录数据。first 表示保留第一条，last 表示保留最后一条，false 表示重复的都不保留，默认为 first。

③ 参数 inplace 是一个布尔值，表示是否在原数据上进行操作，默认为 False。

注意：当 inplace 为 True 时，drop_duplicates() 函数没有返回值，原 DataFrame 的数据发生修改。

【示例 5-1】检测和处理重复值

程序代码：

```
import pandas as pd
import numpy as np
df=pd.DataFrame({'a':np.random.randint(1,3,1000),
                'b':np.random.randint(3,5,1000),
                'c':np.random.randint(5,7,1000)})
print('原数据 shape: ',df.shape)
print(df.duplicated())
df1=df.drop_duplicates()
print('去重后 shape: ',df1.shape)
print('去重后原数据 shape 不变: ',df.shape)
df.drop_duplicates(subset=['a','b'],keep='last',inplace=True)
print('去重后原数据 shape 发生变化: ',df.shape)
```

输出结果：

```
原数据 shape:  (1000, 3)
0               False
1               False
2               True
3               True
4               False
                ...
998             True
999             True
Length: 1000, dtype: bool
去重后 shape:  (8, 3)
去重后原数据 shape 不变:  (1000, 3)
去重后原数据 shape 发生变化:  (4, 3)
```

5.1.2 缺失值

数据采集中由于设备或人为原因可能造成部分数据缺失，数据缺失会对数据分析造成不利影响，因此必须加以处理。

缺失值检测
预处理

1. 检测缺失值

在处理缺失值前，需要先找到缺失值，使用人工查找缺失值，效率低且容易遗漏。isnull()函数可以检查数据中的缺失值，返回一个布尔值的矩阵，每一个布尔值表示对应位置的数据是否缺失。

notnull()函数与 isnull()函数意思相反。返回的布尔值为 True 时表示非缺失值。

【示例 5-2】检测缺失值。

程序代码：

```
import pandas as pd
import numpy as np
df=pd.DataFrame({'a':[1,2,np.nan,4],
                'b':[5,np.nan,7,8],
                'c':[9,10,11,np.nan],
                'd':[13,14,15,16]})
print('原数据: ')
print(df)
print(df.isnull())
print(df.notnull())
```

输出结果：

```
原数据:
     a    b     c    d
0  1.0  5.0   9.0  13
1  2.0  NaN  10.0  14
2  NaN  7.0  11.0  15
3  4.0  8.0   NaN  16
       a      b      c      d
0  False  False  False  False
1  False   True  False  False
2   True  False  False  False
3  False  False   True  False
       a      b      c      d
0   True   True   True   True
1   True  False   True   True
2  False   True   True   True
3   True   True  False   True
```

程序分析：

① df.isnull()函数返回 df 数据帧中的数据是否为 NaN 值的 boolean 型数据矩阵，如果数据为 NaN 值，矩阵对应位置为 True，否则为 False。

② df.notnull()函数与 df.isnull()函数返回的 boolean 值正好相反。

2．处理缺失值

缺失值的处理主要有 4 种方法：

（1）删除法

当有缺失值时，删除是简单的处理方法，使用删除法要考虑两种情况：只要有 NaN 值就删除；都是 NaN 值才删除。删除 NaN 值数据通过函数 dropna()实现。

① 参数 how 有两个取值：any 表示如果存在任何 NaN 值，则删除该行数据，all 表示如果所有的值均为 NaN 值，才删除该行。

② 参数 thresh 是一个 int 值，默认值 None，表示要求每排至少 N 个非 NAN 值。

③ 参数 subset 是一个类似数组，表示全都是 NaN 值的集合。

④ 参数 inplace 是一个 boolean，默认值 False，如果为 True，则返回 None，但是原数据被修改。

【示例 5-3】处理缺失值 dropna()函数应用。

程序代码：

```
import pandas as pd
import numpy as np
df=pd.DataFrame({'a':[1,2,np.nan,4],
                 'b':[5,np.nan,7,8],
                 'c':[9,10,11,np.nan],
                 'd':[13,14,15,16]})
print('原数据: ')
print(df)
print('删除包含NaN值的行: ',df.dropna())
print(df)
print('删除包含NaN值的列: ',df.dropna(axis=1))
```

```
print('删除都是 NaN 值的行: ',df.dropna(how='all'))
df.iloc[0]=np.nan
print('第 0 行都是 NaN 值，删除: ',df.dropna(how='all'))
```

输出结果：

```
原数据：
     a    b     c   d
0  1.0  5.0   9.0  13
1  2.0  NaN  10.0  14
2  NaN  7.0  11.0  15
3  4.0  8.0   NaN  16
删除包含 NaN 值的行：
     a    b    c   d
0  1.0  5.0  9.0  13
     a    b     c   d
0  1.0  5.0   9.0  13
1  2.0  NaN  10.0  14
2  NaN  7.0  11.0  15
3  4.0  8.0   NaN  16
删除包含 NaN 值的列：
    d
0  13
1  14
2  15
3  16
删除都是 NaN 值的行：
     a    b     c   d
0  1.0  5.0   9.0  13
1  2.0  NaN  10.0  14
2  NaN  7.0  11.0  15
3  4.0  8.0   NaN  16
第 0 行都是 NaN 值，删除：
     a    b     c     d
1  2.0  NaN  10.0  14.0
2  NaN  7.0  11.0  15.0
3  4.0  8.0   NaN  16.0
```

（2）固定值替换法

使用固定值替换 NaN 值，是一种简单的处理方法，但是效果不好。

【示例 5-4】固定值替换法。

程序代码：

```
import pandas as pd
import numpy as np
df=pd.DataFrame({'a':[1,2,np.nan,4],
                'b':[5,np.nan,7,8],
                'c':[9,10,11,np.nan],
                'd':[13,14,15,16]})
print('原数据: ')
print(df)
print(df.replace(np.nan,0))
```

输出结果：

```
原数据:
     a    b     c   d
0  1.0  5.0   9.0  13
1  2.0  NaN  10.0  14
2  NaN  7.0  11.0  15
3  4.0  8.0   NaN  16
     a    b     c   d
0  1.0  5.0   9.0  13
1  2.0  0.0  10.0  14
2  0.0  7.0  11.0  15
3  4.0  8.0   0.0  16
```

（3）填充法

使用 fillna() 函数填充 NaN 值，是一种常用的处理方法。

参数 method 取值：backfill、bfill、pad、ffill、None，默认值 None。pad、ffill 表示向前填充，backfill、bfill 表示向后填充。

【示例 5-5】填充缺失值 fillna() 函数应用。

程序代码：

```
import pandas as pd
import numpy as np
df=pd.DataFrame({'a':[1,2,np.nan,4],
                'b':[5,np.nan,7,8],
                'c':[9,10,11,np.nan],
                'd':[13,14,15,16]})
print('原数据: ')
print(df)
print(df.fillna(0))#固定值,
print(df.fillna(df.mean()))#平均值
print(df.fillna(method='bfill'))  #最近邻
```

输出结果：

```
原数据:
     a    b     c   d
0  1.0  5.0   9.0  13
1  2.0  NaN  10.0  14
2  NaN  7.0  11.0  15
3  4.0  8.0   NaN  16
     a    b     c   d
0  1.0  5.0   9.0  13
1  2.0  0.0  10.0  14
2  0.0  7.0  11.0  15
3  4.0  8.0   0.0  16
          a         b     c   d
0  1.000000  5.000000   9.0  13
1  2.000000  6.666667  10.0  14
2  2.333333  7.000000  11.0  15
3  4.000000  8.000000  10.0  16
     a    b     c   d
0  1.0  5.0   9.0  13
```

```
1  2.0  7.0  10.0  14
2  4.0  7.0  11.0  15
3  4.0  8.0  NaN   16
```

（4）插值法

上述处理缺失值的方法存在明显缺陷，尤其在数据量不够丰富时，删除法基本上是不具有可行性的。除了上述的方法外，还有一种效果更好的方法——插值法。

插值法有 3 种常用的方法：线性插值、多项式插值和样条插值，线性插值根据已知数值构建线性方程组，通过求解线性方程组获得缺失值；多项式插值是通过拟合多项式，通过多项式求解缺失值，多项式插值中最常用的是拉格朗日插值法和牛顿插值法；样条插值是通过可变样条做出一条经过一系列点的光滑曲线的插值方法。

【示例5-6】线性插值和多项式插值。

程序代码：

```
import scipy.interpolate as interpolate
import numpy as np
import matplotlib.pyplot as plt
%matplotlib inline
a=[1,2,3,4,5,6,9,10,11,12]
b=[10,16,21,32,35,43,58,62,67,70]
print(a)
print(b)
linear=interpolate.interp1d(a,b,kind='linear')
plt.plot(linear([1,2,3,4,5,6,7,8,9,10,11,12]),'-.')
print('线性插值法求出的ss[7:9]=',linear([7,8]))
lagrange=interpolate.lagrange(a,b)
plt.plot(lagrange([1,2,3,4,5,6,7,8,9,10,11,12]),'--')
print('朗格朗日插值法求出的ss[2]=',lagrange([7,8]))
```

输出结果：

```
[1, 2, 3, 4, 5, 6, 9, 10, 11, 12]
[10, 16, 21, 32, 35, 43, 58, 62, 67, 70]
线性插值法求出的ss[7:9]=[48. 53.]
朗格朗日插值法求出的ss[2]=[56.48051948 61.55757576]
```

输出图形如图 5-1 所示。

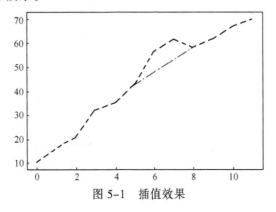

图 5-1　插值效果

【示例 5-7】样条插值法。

程序代码：

```
import scipy.interpolate as interpolate
import numpy as np
import matplotlib.pyplot as plt
%matplotlib inline
x=np.linspace(-np.pi,np.pi,10)
y=np.sin(x)
plt.plot(x,y)
tck=interpolate.splrep(x,y)
x_new=np.linspace(-np.pi,np.pi,100)
y_spine=interpolate.splev(x_new,tck)
plt.figure()
plt.plot(x_new,y_spine)
```

输出图形如图 5-2 所示。

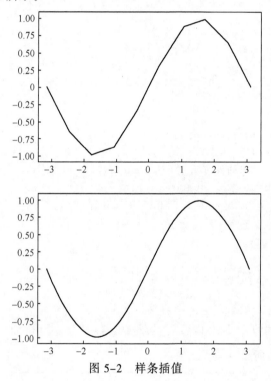

图 5-2　样条插值

5.1.3　异常值

原始数据中可能会出现明显违背自然规律的数据，这些数据属于噪声，对数据分析会造成很大的干扰，对分析结果具有巨大的不良影响。

1．检测异常值

异常值的检测通常采用绘制图形，从图形观察数据分布情况，找出离群点。

离群点可能是异常值，但是不绝对，有些时候离群点的数据也可能是正常的。异常值的判断需要有行业背景和业务知识。

【示例 5-8】检测异常值。

异常值检测
预处理

程序代码：

```
import pandas as pd
import numpy as np
import matplotlib.pyplot as plt
%matplotlib inline
df=pd.DataFrame({'a':[1,2,33,4],
                 'b':[5,6,7,8],
                 'c':[9,10,11,122],
                 'd':[13,14,15,16]})
df['e']=[1,2,3,4]
df.boxplot()
df.plot(kind='scatter',x='e',y='a')
```

输出图形如图 5-3 和图 5-4 所示。

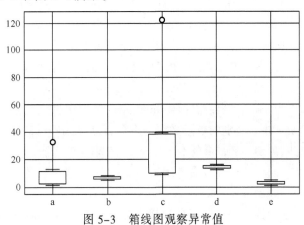

图 5-3 箱线图观察异常值

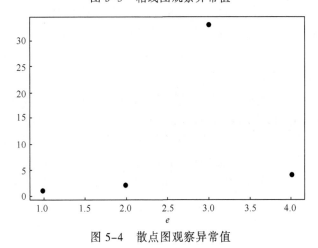

图 5-4 散点图观察异常值

2. 处理异常值

异常值处理主要有如下 3 种方法：

① 删除。删除包含有异常值的记录。

② 视为缺失值。将异常值视为缺失值，利用缺失值的处理方法进行处理。

③ 平均值修正。使用前后两个值的平均值或者整列的数据平均值修正异常值。

5.2 合并连接与重塑

5.2.1 merge 合并

Pandas 的 merge()函数，能够把 DataFrame 对象合并在一起。

```
pd.merge(left, right, how='inner', on=None, left_on=None, right_on=None,
left_index=False, right_index=False, sort=True, suffixes=('_x','_y'))
```

参数说明如下：

merge 合并

① left 是一个 DataFrame 对象。

② right 是另一个 DataFrame 对象。

③ on 是列名称，必须在左和右 DataFrame 对象中存在，是连接的依据或条件。

④ left_on 是左侧 DataFrame 中的列，可以是列名或长度等于 DataFrame 长度的数组。

⑤ right_on 是来自右侧的 DataFrame 的列，可以是列名或长度等于 DataFrame 长度的数组。

⑥ left_index 如果为 True，则使用左侧 DataFrame 中的索引(行标签)作为其连接键。在具有分层索引的 DataFrame 中，级别的数量必须与来自右侧 DataFrame 的连接键的数量相匹配。

⑦ right_index 与右侧 DataFrame 的 left_index 具有相同的用法。

⑧ how 是 left（左连接）、right（右连接）、outer（外连接）以及 inner（内连接）之中的一个，默认为内 inner，表示连接种类。

- 内连接（inner）：内连接是最常用的连接，左右两个 DataFrame 数据主键具有相等关系时，左 DataFrame 的记录才会和右 DataFrame 的记录合并。
- 左连接（left）：以左 DataFrame 为主，当右 DataFrame 具有对应数据时，和 inner 连接相同；当右 DataFrame 没有数据与左 DataFrame 对应时，则右 DataFrame 的值取 NaN。
- 右连接（right）：与左连接相反。
- 外连接（outer）：外连接是左右连接的和，左 DataFrame 没有数据和右 DataFrame 对应时，左 DataFrame 的值设为 NaN，反之亦然。

⑨ sort 表示是否按照字典顺序通过连接键对结果 DataFrame 进行排序。默认为 True，设置为 False 时，在很多情况下能大大提高性能。

⑩ suffixes：字符串组成的元组，用于指定当左右 DataFrame 存在相同列名时在列名后面附加的扩展名称，默认为('_x','_y')。

【示例 5-9】合并两个数据帧。

程序代码：

```
import pandas as pd
import numpy as np
dfleft=pd.DataFrame({'a':np.arange(5),
                     'b':np.linspace(11,15,5)})
dfright=pd.DataFrame({'a':np.arange(2,7,1),
                      'd':np.linspace(3,7,5)})
print(dfleft)
```

```
print(dfright)
print(pd.merge(dfleft,dfright))
print(pd.merge(dfleft,dfright,on='a'))
print(pd.merge(dfleft,dfright,left_on='a',right_on='d'))
print(pd.merge(dfleft,dfright,left_index=True,right_index=True))
```

输出结果:

```
   a    b
0  0  11.0
1  1  12.0
2  2  13.0
3  3  14.0
4  4  15.0
   a    d
0  2  3.0
1  3  4.0
2  4  5.0
3  5  6.0
4  6  7.0
   a    b    d
0  2  13.0  3.0
1  3  14.0  4.0
2  4  15.0  5.0
   a    b    d
0  2  13.0  3.0
1  3  14.0  4.0
2  4  15.0  5.0
   a_x   b   a_y   d
0   3  14.0   2  3.0
1   4  15.0   3  4.0
   a_x   b   a_y   d
0   0  11.0   2  3.0
1   1  12.0   3  4.0
2   2  13.0   4  5.0
3   3  14.0   5  6.0
4   4  15.0   6  7.0
```

【示例 5-10】连接类型。

程序代码:

```
import pandas as pd
import numpy as np
dfleft=pd.DataFrame({'a':np.arange(5),
                     'b':np.linspace(11,15,5)})
dfright=pd.DataFrame({'a':np.arange(2,7,1),
                      'd':np.linspace(31,35,5)})
print(pd.merge(dfleft,dfright,how='left'))
print(pd.merge(dfleft,dfright,how='right'))
print(pd.merge(dfleft,dfright,how='outer'))
```

输出结果:

```
   a    b    d
0  0  11.0  NaN
1  1  12.0  NaN
```

```
2   2   13.0   31.0
3   3   14.0   32.0
4   4   15.0   33.0
    a    b     d
0   2   13.0   31.0
1   3   14.0   32.0
2   4   15.0   33.0
3   5   NaN    34.0
4   6   NaN    35.0
    a    b     d
0   0   11.0   NaN
1   1   12.0   NaN
2   2   13.0   31.0
3   3   14.0   32.0
4   4   15.0   33.0
5   5   NaN    34.0
6   6   NaN    35.0
```

DataFrame 内置的 join()函数是一种快速合并的函数，它默认以 index 作为对齐的列。左右两个 DataFrame 具有重复列时需要指定重复列的前缀，加以分区，使用 lsuffix 和 rsuffix 实现。

【示例 5-11】join 连接。

程序代码：

```
import pandas as pd
import numpy as np
dfleft=pd.DataFrame({'a':np.arange(5),
                     'b':np.linspace(11,15,5)})
dfright=pd.DataFrame({'a':np.arange(2,7,1),
                      'd':np.linspace(31,35,5)})
print(dfleft.join(dfright,lsuffix='_left', rsuffix='_right'))
print(dfright.join(dfleft,lsuffix='_left', rsuffix='_right'))
```

输出结果：

```
    a_left  b      a_right  d
0      0  11.0        2  31.0
1      1  12.0        3  32.0
2      2  13.0        4  33.0
3      3  14.0        5  34.0
4      4  15.0        6  35.0
    a_left  d      a_right  b
0      2  31.0        0  11.0
1      3  32.0        1  12.0
2      4  33.0        2  13.0
3      5  34.0        3  14.0
4      6  35.0        4  15.0
```

5.2.2 concat 合并

concat()函数是在 pandas 下的函数，可以将数据根据不同的轴做简单的数据合并。

concat 合并

```
pd.concat(objs, axis=0, join='outer', join_axes=None, ignore_
index=False,keys=None, levels=None, names=None, verify_
integrity=False)
```

参数说明如下：

① objs 由 Series、DataFrame 或者是 Panel 对象构成的序列 list，是要合并的数据。

② axis 需要合并链接的轴，0 是行，1 是列。

③ join 连接的方式，取值 inner 或者 outer，在 axis=1 时可用。

④ keys 用来设置层次化索引。当 axis=0 时，设置的是行索引；当 axis=1 时，设置的是列索引。

【示例 5-12】concat 连接。

程序代码：

```
import pandas as pd
import numpy as np
dfleft=pd.DataFrame({'a':np.arange(5),
                     'b':np.linspace(11,15,5)})
dfright=pd.DataFrame({'a':np.arange(2,7,1),
                      'd':np.linspace(3,7,5)})
print(dfleft)
print(dfright)
print(pd.concat([dfleft,dfright]))
print(dfleft.append(dfright))
print(pd.concat([dfleft,dfright],axis=1))
print(pd.concat([dfleft,dfright],axis=1,join='outer'))
```

输出结果：

```
   a   b
0  0  11.0
1  1  12.0
2  2  13.0
3  3  14.0
4  4  15.0
   a   d
0  2  3.0
1  3  4.0
2  4  5.0
3  5  6.0
4  6  7.0
   a   b    d
0  0  11.0  NaN
1  1  12.0  NaN
2  2  13.0  NaN
3  3  14.0  NaN
4  4  15.0  NaN
0  2  NaN   3.0
1  3  NaN   4.0
2  4  NaN   5.0
3  5  NaN   6.0
4  6  NaN   7.0
   a   b    d
0  0  11.0  NaN
1  1  12.0  NaN
2  2  13.0  NaN
```

```
3   3   14.0  NaN
4   4   15.0  NaN
0   2   NaN   3.0
1   3   NaN   4.0
2   4   NaN   5.0
3   5   NaN   6.0
4   6   NaN   7.0
    a   b   a   d
0   0   11.0  2   3.0
1   1   12.0  3   4.0
2   2   13.0  4   5.0
3   3   14.0  5   6.0
4   4   15.0  6   7.0
```

【示例 5-13】设置索引和合并轴。

程序代码：

```
import pandas as pd
import numpy as np
dfleft=pd.DataFrame({'a':np.arange(5),
                     'b':np.linspace(11,15,5)})
dfright=pd.DataFrame({'a':np.arange(2,7,1),
                      'd':np.linspace(3,7,5)})
print(pd.concat([dfleft,dfright],keys=['one','two']))
print(pd.concat([dfleft,dfright],axis=1,keys=['one','two']))
```

输出结果：

```
        a   b   d
one 0   0   11.0  NaN
    1   1   12.0  NaN
    2   2   13.0  NaN
    3   3   14.0  NaN
    4   4   15.0  NaN
two 0   2   NaN   3.0
    1   3   NaN   4.0
    2   4   NaN   5.0
    3   5   NaN   6.0
    4   6   NaN   7.0
    one       two
    a   b   a   d
0   0   11.0  2   3.0
1   1   12.0  3   4.0
2   2   13.0  4   5.0
3   3   14.0  5   6.0
4   4   15.0  6   7.0
```

5.2.3　combine_first 合并

当列名或列索引相同时，函数 combine_first() 可以用一个数据填充另一个数据的缺失数据；当列名不同时，函数 combine_first() 横向按照行索引连接。

【示例 5-14】重复值。

程序代码：

combine_first
合并

```
import pandas as pd
import numpy as np
df1=pd.DataFrame({'a':[1,2,np.nan,4],
                  'b':[5,np.nan,7,8]})
df2=pd.DataFrame({'a':[9,10,11,np.nan],
                  'b':[13,14,15,16]})
df3=pd.DataFrame({'c':[9,10,11,np.nan],
                  'd':[13,14,15,16]})
print('原数据: ')
print(df1)
print(df2)
print('相同列名 combine_first: ')
print(df1.combine_first(df2))
print('不同列名 combine_first: ')
print(df1.combine_first(df3))
```

输出结果:

```
原数据:
     a    b
0  1.0  5.0
1  2.0  NaN
2  NaN  7.0
3  4.0  8.0
      a   b
0   9.0  13
1  10.0  14
2  11.0  15
3   NaN  16
相同列名 combine_first:
      a     b
0   1.0   5.0
1   2.0  14.0
2  11.0   7.0
3   4.0   8.0
不同列名 combine_first:
     a    b     c     d
0  1.0  5.0   9.0  13.0
1  2.0  NaN  10.0  14.0
2  NaN  7.0  11.0  15.0
3  4.0  8.0   NaN  16.0
```

5.2.4　数据重塑

数据重塑是将 DataFrame 的行或列进行旋转的操作，stack()函数将
DataFrame 的列旋转为行，unstack()函数将 DataFrame 的行旋转为列。

【示例 5-15】数据重塑。

程序代码:

```
import numpy as np
import pandas as pd
data=np.arange(12).reshape(3,4)
df=pd.DataFrame(data,columns=['a','b','c','d'],index=['fir','sec','thr'])
```

```
print('原数据: ')
print(df)
print('stack 后: ')
print(df.stack())
print('unstack 后: ')
print(df.unstack())
print('stack 后在 unstack: ')
print(df.stack().unstack())
```

输出结果:

```
原数据:
     a  b  c   d
fir  0  1  2   3
sec  4  5  6   7
thr  8  9  10  11
stack 后:
fir  a    0
     b    1
     c    2
     d    3
sec  a    4
     b    5
     c    6
     d    7
thr  a    8
     b    9
     c    10
     d    11
dtype: int32
unstack 后:
a  fir    0
   sec    4
   thr    8
b  fir    1
   sec    5
   thr    9
c  fir    2
   sec    6
   thr    10
d  fir    3
   sec    7
   thr    11
dtype: int32
stack 后在 unstack:
     a  b  c   d
fir  0  1  2   3
sec  4  5  6   7
thr  8  9  10  11
```

对于层次化索引，数据重塑的操作默认从最内层旋转，当然可以通过设置 stack()或 unstack()的参数指定重塑的索引层次。

【示例 5-16】层次化索引与 stack()函数。

程序代码:

```
import numpy as np
import pandas as pd
data=np.arange(12).reshape(3,4)
df=pd.DataFrame(data,columns=[['one','one','two','two'],['a','b','c',
'd']],index=['fir','sec','thr'])
print('原数据: ')
print(df)
print('stack()后: ')
print(df.stack())
print('stack(0)后: ')
print(df.stack(0))
```

输出结果:

```
原数据:
      one    two
      a  b   c   d
fir   0  1   2   3
sec   4  5   6   7
thr   8  9  10  11
stack()后:
      one   two
fir a  0.0   NaN
    b  1.0   NaN
    c  NaN   2.0
    d  NaN   3.0
sec a  4.0   NaN
    b  5.0   NaN
    c  NaN   6.0
    d  NaN   7.0
thr a  8.0   NaN
    b  9.0   NaN
    c  NaN  10.0
    d  NaN  11.0
stack(0)后:
            a      b      c      d
fir one   0.0    1.0    NaN    NaN
    two   NaN    NaN    2.0    3.0
sec one   4.0    5.0    NaN    NaN
    two   NaN    NaN    6.0    7.0
thr one   8.0    9.0    NaN    NaN
    two   NaN    NaN   10.0   11.0
```

5.3 数据变换

数据变换是对原始数据按照一定的规则进行变换的数据处理,将数据转换成适合分析的形式,以满足数据分析的需要,提升分析的效果。

虚拟变量

5.3.1 虚拟变量

【示例 5-17】虚拟变量。

程序代码：

```
import pandas as pd
import numpy as np
df={'name':pd.Series(['小明','小花','小兰','小胜']),
    'gender':pd.Series(['男','女','女','男']),
    'age':pd.Series([20,22,19,23]),
    'height':pd.Series([178,165,163,175]),
    'class': pd.Series(['1班','1班','2班','3班'])}
print(pd.get_dummies(df['gender']))
print(pd.get_dummies(df['class']))
```

输出结果：

```
   女  男
0  0  1
1  1  0
2  1  0
3  0  1
   1班  2班  3班
0   1   0   0
1   1   0   0
2   0   1   0
3   0   0   1
```

5.3.2 函数变换

函数变换是对原始数据通过数学函数进行变换，比如平方、取对数、差分等。函数变换常用来将不具有正态分布的数据变成具有正态分布的数据。

DataFrame.where(cond,other=nan,inplace=False)表示如果 cons 为真，保持原来的值，否则替换为 other，inplace 为真表示在原数据上操作，为 False 表示在原数据的 copy 上操作。

另外，也可以使用 apply()、applymap()等映射函数达到函数变换的目的。

【示例 5-18】函数变换。

程序代码：

```
import numpy as np
import pandas as pd
a=np.random.randint(10,size=(3,4))
df=pd.DataFrame(a)
print(df.where(df%3==0,-df))
print(df.where(df>0,-df))
print(df.apply(lambda x:x**2))
def f(x):
    if x>5:
        return 1
    else:
        return 0
print(df.applymap(f))
```

输出结果：

```
   0  1  2  3
0 -8 -4 -7 -7
```

```
1  3   3   0  -4
2 -5   6  -2  -4
    0   1   2   3
0   8   4   7   7
1   3   3   0   4
2   5   6   2   4
    0   1   2   3
0  64  16  49  49
1   9   9   0  16
2  25  36   4  16
    0   1   2   3
0   1   0   1   1
1   0   0   0   0
2   0   1   0   0
```

5.3.3　连续属性离散化

有些数据分析算法需要数据是离散的值，如果对应的原始数据是连续值，则需要把连续属性离散化。离散化的方法主要有两种：等宽法、等频法。

连续属性离散化

1. 等宽法

将属性的值域分成具有相同宽度的区间，区间的个数由数据本身的特点决定。

【示例5-19】等宽连续属性离散化。

程序代码：

```
import numpy as np
import pandas as pd
s=np.random.rand(20)
cuts=pd.cut(s,4)
#print(cuts)
print(cuts.codes)
print(cuts.categories,type(cuts.categories))
print(pd.value_counts(cuts))
cuts=pd.cut(s,[0,0.2,0.4,0.6,0.8,1])
#print(cuts)
print(cuts.codes)
print(cuts.categories,type(cuts.categories))
print(pd.value_counts(cuts))
```

输出结果：

```
[2 1 2 3 3 3 1 3 2 0 0 3 0 0 3 0 2 0 2 0]
IntervalIndex([(0.075, 0.294], (0.294, 0.511], (0.511, 0.729], (0.729,
0.947]],closed='right', dtype='interval[float64]') <class 'pandas.core.indexes.
interval.IntervalIndex'>
(0.075, 0.294]    7
(0.729, 0.947]    6
(0.511, 0.729]    5
(0.294, 0.511]    2
dtype: int64
[3 2 3 3 4 4 2 4 3 1 1 4 0 0 4 0 3 1 3 1]
IntervalIndex([(0.0, 0.2], (0.2, 0.4], (0.4, 0.6], (0.6, 0.8], (0.8,
```

```
1.0]],closed='right', dtype='interval[float64]') <class 'pandas.core.indexes.
interval. IntervalIndex'>
    (0.6, 0.8]    6
    (0.8, 1.0]    5
    (0.2, 0.4]    4
    (0.0, 0.2]    3
    (0.4, 0.6]    2
    dtype: int64
```

2. 等频法

将区间划分为指定个数的区间，将相同数量的记录放进每个区间，即每个区间具有相同的数据个数。

【示例 5-20】等频连续属性离散化。

程序代码：

```python
import numpy as np
import pandas as pd
s=np.random.rand(20)
cuts=pd.qcut(s,4)
print(cuts)
print(cuts.codes)
print(cuts.categories,type(cuts.categories))
print(pd.value_counts(cuts))
```

输出结果：

```
[(0.694, 0.741], (0.198, 0.496], (0.496, 0.694], (0.00496, 0.198], (0.496,
0.694], ..., (0.00496, 0.198], (0.694, 0.741], (0.496, 0.694], (0.198, 0.496],
(0.694, 0.741]]
    Length: 20
    Categories (4, interval[float64]): [(0.00496, 0.198] < (0.198, 0.496] <
(0.496, 0.694] < (0.694, 0.741]]
    [3 1 2 0 2 1 3 1 3 2 0 2 1 0 0 0 3 2 1 3]
    IntervalIndex([(0.00496, 0.198], (0.198, 0.496], (0.496, 0.694], (0.694,
0.741]],closed='right',dtype='interval[float64]') <class 'pandas.core.indexes.
interval.IntervalIndex'>
    (0.694, 0.741]     5
    (0.496, 0.694]     5
    (0.198, 0.496]     5
    (0.00496, 0.198]   5
    dtype: int64
```

5.3.4 规范化

在数据分析中，不同评价指标往往具有不同的量纲，数值间差别可能很大，如果不加处理直接使用，通常会影响数据分析的结果。

数据规范化（归一化）的主要作用就是消除指标之间的量纲和取值范围差异的影响，是数据分析的基础工作。

规范化

数据规范化按照比例进行缩放，使之落入一个特定区域，便于进行综合分析，通常把标量取值映射到[0,1]或者[-1,1]内。主要的规范化方法有 3 个：

1. 最小-最大规范化

最小-最大规范化也称离差规范化，是对原始数据进行线性变化，将数值映射到[0,1]之间。

转化公式为：$x^* = \dfrac{x - min}{max - min}$，其中 max 为样本数据中的最大值，min 为样本数据中的最小值。

2. 零–均值规范化

零–均值规范化也称标准差规范化，经过处理的数据的均值为 0，标准差为 1。转化公式为：$x^* = \dfrac{x - \bar{x}}{\sigma}$，其中 $\bar{x}$ 为样本数据的均值，σ 为样本数据的标准差。

零–均值规范化是目前使用最多的数据标准化方法。

3. 小数定标规范化

小数定标规范化通过移动属性值的小数位数，将属性值映射到[–1,1]内，移动的小数位数取决于属性值绝对值的最大值。转化公式为：$x^* = \dfrac{x}{x^k}$。

【示例 5-21】规范化。

程序代码：

```
import numpy as np
import pandas as pd
df=pd.DataFrame({'a':np.random.randint(1,10,100),
                'b':np.random.randint(500,1000,100)})
print(df)
print(df.apply(lambda x: (x-x.min())/(x.max()-x.min())))#离差标准化
print(df.apply(lambda x:(x-x.mean())/x.std()))          #标准差标准化
print(df.apply(lambda x:(x/10**np.ceil(np.log10(x.abs().max())))))
                                                        #小数定标标准化
```

输出结果：

```
    a    b
0   4   973
1   2   966
2   7   553
3   7   846
..  ..  ..
98  9   818
99  2   814
[100 rows x 2 columns]
       a         b
0   0.375   0.973196
1   0.125   0.958763
2   0.750   0.107216
3   0.750   0.711340
..   ...      ...
98  1.000   0.653608
99  0.125   0.645361
[100 rows x 2 columns]
        a         b
0  -0.469259   1.434536
1  -1.238536   1.388420
2   0.684656  -1.332422
..    ...       ...
```

```
98  1.453933  0.413397
99 -1.238536  0.387045
[100 rows x 2 columns]
      a      b
0    0.4   0.973
1    0.2   0.966
...  ...    ...
98   0.9   0.818
99   0.2   0.814
[100 rows x 2 columns]
```

5.3.5 随机采样

随机采样

随机采样是从原始数据中随机选出一部分数据，需要两个函数配合使用来实现。

① numpy.random.permutation(n)函数可以产生 0~n 范围内的 n 个随机数，输出形式为 numpy 数组。

② df.take(np.random.permutation(len(df))[:m])函数可以从 df 原有的 n 行数据中随机抽取 m 行数据。

【示例 5-22】随机采样。

程序代码：

```
import numpy as np
import pandas as pd
data=np.arange(50).reshape(10,5)
df=pd.DataFrame(data)
sampler=np.random.permutation(len(df))
print(df)
print('行随机排列: ')
print(df.take(sampler))
print('列随机排列: ')
print(df.take(np.random.permutation(5),axis=1))
print('行数据随机采样 3 个: ')
print(df.take(sampler)[:3])
```

输出结果：

```
      0    1    2    3    4
0     0    1    2    3    4
1     5    6    7    8    9
2    10   11   12   13   14
3    15   16   17   18   19
4    20   21   22   23   24
5    25   26   27   28   29
6    30   31   32   33   34
7    35   36   37   38   39
8    40   41   42   43   44
9    45   46   47   48   49
行随机排列:
      0    1    2    3    4
1     5    6    7    8    9
5    25   26   27   28   29
```

```
7  35  36  37  38  39
6  30  31  32  33  34
9  45  46  47  48  49
4  20  21  22  23  24
0   0   1   2   3   4
2  10  11  12  13  14
8  40  41  42  43  44
3  15  16  17  18  19
```

列随机排列:

```
    0   4   2   1   3
0   0   4   2   1   3
1   5   9   7   6   8
2  10  14  12  11  13
3  15  19  17  16  18
4  20  24  22  21  23
5  25  29  27  26  28
6  30  34  32  31  33
7  35  39  37  36  38
8  40  44  42  41  43
9  45  49  47  46  48
```

行数据随机采样 3 个:

```
    0   1   2   3   4
1   5   6   7   8   9
5  25  26  27  28  29
7  35  36  37  38  39
```

另外，还可以使用 sample()函数实现。sample()函数取样本数据，主要有两个参数:

① 参数 n 表示取样本数量，是一个整数。

② 参数 frac 表示取样本的比例，是一个(0,1)范围内的浮点数。

【示例 5-23】frac 参数应用。

程序代码:

```
import numpy as np
import pandas as pd
data=np.arange(50).reshape(10,5)
df=pd.DataFrame(data)
sampler=np.random.permutation(len(df))
print(df)
print(df.sample(n=3))
print(df.sample(frac=0.5))
```

输出结果:

```
    0   1   2   3   4
0   0   1   2   3   4
1   5   6   7   8   9
2  10  11  12  13  14
3  15  16  17  18  19
4  20  21  22  23  24
5  25  26  27  28  29
6  30  31  32  33  34
7  35  36  37  38  39
8  40  41  42  43  44
9  45  46  47  48  49
```

	0	1	2	3	4
1	5	6	7	8	9
2	10	11	12	13	14
0	0	1	2	3	4
		0	1	2	3	4
0	0	1	2	3	4
5	25	26	27	28	29
1	5	6	7	8	9
2	10	11	12	13	14
8	40	41	42	43	44

小　结

在本章中讨论了缺失值、重复值和异常值的检测和处理；数据的合并连接与重塑；数据变换的方法，包括虚拟变量、函数变换、连续属性离散化、数据规范化和随机采样等。

数据预处理在数据分析中应用广泛、作用巨大，因此相关方法和函数需要好好掌握。

习　题

一、选择题

1. 重复值删除的函数是（　　）。

    A. drop_duplicates()　　　B. duplicated()　　　C. isnull()　　　D. notnull()

2. 不是数据规范化方法的是（　　）。

    A. 离差规范化　　　　　　　　　　　　B. 标准差规范化

    C. 小数定标规范化　　　　　　　　　　D. 平均值规范化

3. 数据重塑方法有（　　）。

    A. dropna　　　　　　B. fillna　　　　　C. stack　　　　D. concat

二、填空题

1. 数据清洗解决数据问题有＿＿＿＿＿、＿＿＿＿＿、＿＿＿＿＿。

2. 虚拟变量的函数名称是＿＿＿＿＿。

3. 插值法包括＿＿＿＿＿、＿＿＿＿＿、＿＿＿＿＿。

4. 函数 merge() 的参数 how 取值有＿＿＿＿＿、＿＿＿＿＿、＿＿＿＿＿和＿＿＿＿＿。

三、简答题

1. 缺失值处理方法。

2. 数据合并连接与重塑的函数。

3. 数据变换种类有哪些。

实　验

一、实验目的

① 掌握重复值、缺失值和异常值的检测与处理方法，能够对大量数据进行清洗。

② 掌握数据的合并、连接和重塑，能够根据计算、分析需要对数据结构进行处理。

③ 掌握常用数据变换的方法，能够根据分析需要和数据特点对数据进行变换。

二、实验内容

① 数据清洗：重复值清洗、缺失值清洗、检测异常值。

② 数据合并连接和重塑。

③ 数据变换：虚拟变量、连续属性离散化、规范化。

④ 数据的随机排列和随机采样。

三、实验过程

1. 重复值清洗

（1）检测重复值

```
import pandas as pd
data={'state':[1,1,2,2],'pop':['a','b','c','d']}
df=pd.DataFrame(data)
IsDuplicated=df.duplicated()
print(df)
print('是否重复: ')
print(IsDuplicated)
print('删除 state 重复: ')
print(df.drop_duplicates(['state']))
IsDuplicated=df.duplicated(['state'])
print('删除后是否重复: ')
print(IsDuplicated)
print(df.drop_duplicates(['state']))
```

（2）删除重复值

```
import pandas as pd
import numpy as np
df=pd.DataFrame({'key1':['a','a','b','b','a','a'],
                 'key2':['one','two','one','two','one','one'],
                 'data1':[1,2,3,2,1,1],
                 'data2':np.random.randn(6)
                })
print(df)
print('基于所有列判断重复: ')
print(df.duplicated())
print('基于 key1 列判断重复')
df.duplicated(subset='key1')
print(df.drop_duplicates())
print(df.drop_duplicates(subset='key1'))
```

2. 缺失值清洗

（1）检测缺失值

```
import pandas as pd
import numpy as np
```

```
s=pd.Series(["a","b",np.nan,"c",None])
print(s)
print(s.isnull())
print(s[s.isnull()])
print(s.dropna())
```

（2）删除缺失值

```
import pandas as pd
import numpy as np
a=[[1, np.nan, 2],[9,None,np.nan],[3, 4, None],[5,6,7]]
df=pd.DataFrame(a)
print(df)
print(df.isnull())
print('sum-----------')
print(df.isnull().sum())
print('sum.sum=',df.isnull().sum().sum())
print('删除缺失值: ')
print(df.dropna())
print(df.dropna(axis=1))
print(df.dropna(how="all"))
df[0][1]=None
print(df)
print(df.dropna(how='all'))
```

（3）填充法

```
import pandas as pd
import numpy as np
df=pd.DataFrame([[np.nan,2,np.nan,0],
                [3,4,np.nan,1],
                [np.nan,np.nan,np.nan,5],
                [np.nan,3,np.nan,4]],
                columns=list('ABCD'))
print(df)
print(df.fillna(0))
print(df.fillna(method='ffill'))
values={'A': 0, 'B': 1, 'C': 2, 'D': 3}
print(df.fillna(value=values))
print(df.fillna(value=values, limit=1))
```

（4）插值法

```
import numpy as np
from scipy import interpolate
import matplotlib.pyplot as plt
%matplotlib inline
x=np.array([-1, 0, 2.0, 1.0])
y=np.array([1.0, 0.3, -0.5, 0.8])
xnew=np.linspace(-3,4,100)
plt.plot(x,y,'ro')
for kind in['multiquadric','gaussian','linear']:
    ff=interpolate.Rbf(x,y,kind=kind)
    ynew=ff(xnew)
    plt.plot(xnew,ynew,label=str(kind))
```

```
plt.legend(loc='lower right')
plt.show()
```

3. 检测异常值

```
from pandas import Series,DataFrame, np
from numpy import nan as NA
import matplotlib.pyplot as plt
%matplotlib inline
df=DataFrame(np.random.randn(1000,4))
plt.scatter(df[0],df[1])
plt.figure()
plt.boxplot(df[0])
plt.figure()
plt.hist(df[1])
print(df.describe())
print("找出某一列中绝对值大小超过 3 的项")
col=df[3]
print(col[np.abs(col)>3]  )
print("找出全部绝对值超过 3 的值的行")
print(col[(np.abs(df)>3).any(1)]  )
```

4. merge 合并

```
import pandas as pd
import numpy as np
df1=pd.DataFrame({'key':['b','b','a','a','b','a','c'],'data1':range(7)})
df2=pd.DataFrame({'key':['a','b','d'],'data2':range(3)})
print(df1)
print(df2)
print('merge(key)=')
print(pd.merge(df1,df2,on='key'))
print('左连接=')
print(pd.merge(df1,df2,how='left'))
df3=pd.DataFrame({'key1':['b','b','a','a','b','a','c'],'key2':['i',
'j','k','k','i','j','k'],'data1':range(7)})
df4=pd.DataFrame({'key1':['a','b','d'],'key2':['k','j','i'],'data2':
range(3)})
print('基于 key1,key2 两个键合并')
print(pd.merge(df3,df4,on=['key1','key2']))
```

5. concat 合并

```
import pandas as pd
df1=pd.DataFrame({'A': ['A0', 'A1', 'A2', 'A3'],
                  'B': ['B0', 'B1', 'B2', 'B3'],
                  'C': ['C0', 'C1', 'C2', 'C3'],
                  'D': ['D0', 'D1', 'D2', 'D3']},
                  index=[0, 1, 2, 3])
df2=pd.DataFrame({'A': ['A4', 'A5', 'A6', 'A7'],
                  'B': ['B4', 'B5', 'B6', 'B7'],
                  'C': ['C4', 'C5', 'C6', 'C7'],
                  'D': ['D4', 'D5', 'D6', 'D7']},
                  index=[4,5,6,7])
df3=pd.DataFrame({'A': ['A8', 'A9', 'A10', 'A11'],
```

```
                             'B': ['B8', 'B9', 'B10', 'B11'],
                             'C': ['C8', 'C9', 'C10', 'C11'],
                             'D': ['D8', 'D9', 'D10', 'D11']},
                             index=[8, 9, 10, 11])
df=[df1, df2, df3]
result=pd.concat(df)
print(result)
print(df1.append([df2, df3]))
print(pd.concat(df, axis=1))
print(pd.concat(df, keys=['x', 'y', 'z']))
print(pd.concat(df, keys=['x', 'y', 'z'], axis=1))
print(pd.concat([df1, df2], join='inner'))
```

6. combine_first 合并

```
import pandas as pd
import numpy as np
df1=DataFrame({'a': [1., np.nan, 5., np.nan],
               'b': [np.nan, 2., np.nan, 6.],
               'c': range(2, 18, 4)})
df2=DataFrame({'a': [5., 4., np.nan, 3., 7.],
               'b': [np.nan, 3., 4., 6., 8.]})
df=df1.combine_first(df2)
print(df)
```

7. 数据重塑

```
df=DataFrame({'水果':['黄桃','香蕉','西瓜','草莓'],
              '数量':[13,40,63,25],
              '价格':[2.5,2,11,5.8]})
print(df)
stack_df=df.stack()
print(stack_df)
print(stack_df.unstack())
print(stack_df.unstack(level=0))
```

8. 虚拟变量

```
import pandas as pd
s=pd.Series(['博士','硕士','本科','专科','高中','其他'])
print(pd.get_dummies(s))
```

9. 规范化

```
import numpy as np
import pandas as pd
df=pd.DataFrame(np.random.randn(4,4)*4+3)
print(df)
print(df.apply(lambda x: (x-np.min(x)) / (np.max(x)-np.min(x))))
```

10. 连续属性离散化

程序代码（一）

```
import pandas as pd
import numpy as np
```

```
ages=[20,22,25,27,21,23,37,31,61,45,41,32]
bins=[18,25,35,60,100]
cats=pd.cut(ages,bins)
print(cats)
print(type(cats))
print(cats.codes, type(cats.codes))
print(cats.categories, type(cats.categories))
print(pd.value_counts(cats))
print('-------')
print(pd.cut(ages,[18,26,36,61,100],right=False))
print('-------')
group_names=['Youth','YoungAdult','MiddleAged','Senior']
print(pd.cut(ages,bins,labels=group_names))
print('-------')
df=pd.DataFrame({'ages':ages})
group_names=['Youth','YoungAdult','MiddleAged','Senior']
s=pd.cut(df['ages'],bins)
df['label']=s
cut_counts=s.value_counts(sort=False)
print(df)
print(cut_counts)
plt.scatter(df.index,df['ages'],cmap='Reds',c=cats.codes)
plt.grid()
```

程序代码（二）

```
import pandas as pd
import numpy as np
data=np.random.randn(1000)
s=pd.Series(data)
cats=pd.qcut(s,4)
print(cats.head())
print(pd.value_counts(cats))
print('------')
plt.scatter(s.index,s,cmap='Greens',c=pd.qcut(data,4).codes)
plt.xlim([0,1000])
plt.grid()
```

11. 随机采样

```
import pandas as pd
import numpy as np
df=pd.DataFrame(np.arange(5*4).reshape(5,4))
sampler=np.random.permutation(5)
print(sampler)
print(df.take(sampler))
print(df.take(np.random.permutation(len(df))[:3]))
print(df.sample(2))
```

第6章

Sklearn 机器学习

学习目标

- 了解机器学习的有关概念和机器学习的过程。
- 了解 Sklearn 数据集种类，熟悉 load 数据集。
- 掌握 Sklearn 的数据预处理方法。
- 掌握 Sklearn 的降维、回归、分类和聚类算法的使用。
- 熟悉模型选择、训练、预测、评估的相关函数的使用。

引言

机器学习是一门多领域交叉学科，涉及概率论、统计学、逼近论、凸分析、算法复杂度理论等多门学科。专门研究计算机怎样模拟或实现人类的学习行为，以获取新的知识或技能，重新组织已有的知识结构使之不断改善自身的性能。

Sklearn（Scikit-learn）是机器学习中常用的第三方库，对常用的机器学习方法进行了封装，包括回归(Regression)、降维(Dimensionality Reduction)、分类(Classfication)、聚类(Clustering)等方法。当我们面临机器学习问题时，能够根据实际需要选择相应的方法，快速解决问题。

6.1 术语

机器学习是通过让机器对已知样本进行学习，然后对更多的未知样本进行预测的过程。机器学习可以分为两大类：监督学习和无监督学习。

1. 监督学习

监督学习就是通过所有特征已知的训练集让机器学习其中的规律，然后再向机器提供有一部分特征未知的数据集，让机器帮补全其中未知部分的一种方法，主要包括分类和回归两类。

① 分类。分类是指根据样本数据中已知的分类进行学习，对未知分类的数据进行分类的算法。

② 回归。回归是指根据样本中离散的特征描绘出一个连续的回归曲线，之后只要能给出其他任意几个维度的值就能够确定某个缺失的维度值的方法就称为回归。例如，利用

人类的性别、年龄、家族成员信息建立一个身高的回归方程，可以预测新生儿各个年龄阶段的身高。

2．无监督学习

无监督学习不会为机器提供正确的样本进行学习，而是靠机器自己去寻找可以参考的依据，通常使用距离函数或者凸包理论等方式对给定的数据集进行聚类。例如，对按照用户访问网站的行为将用户分成不同的类型。

3．训练集和测试机

通常在有监督的机器学中会有一组已知其分类或结果值的数据，一般来说不能把这些数据全部用来进行训练。如果使用全部的数据进行训练，那么将有可能导致过拟合，而且也需要用一部分数据来验证算法的效果。

4．过拟合

过拟合是训练后的算法虽然严格地符合训练集，但可能会在面对真正的数据时效果变差，过拟合的训练结果将会使算法在测试时表现得完美无缺，但是实际应用时却很不理想。

5．正确率/召回率/ROC 曲线

正确率/召回率/ROC 曲线是用来衡量机器学习算法效果的 3 个指标。正确率是指提取出的正确信息条数与提取出的信息条数的比率，但这实际上掩盖了样本是如何被分错的。召回率是指提取出的正确信息条数与样本中的信息条数的比值，召回率越大表示被错判的正例就越少。ROC 曲线则是"被正确分为正例的正例与被错误分为正例的负例"的曲线。

6．降维

当数据的维度特别大时（如自然语言处理），需要对数据进行降维以减小对计算的需求，同时对结果影响又不会太大。

7．机器学习过程

（1）实际问题抽象成数学问题

该过程明确目标是一个分类还是回归或者是聚类的问题，如果都不是，如何抽象为其中的某一类问题。

（2）获取数据

数据在机器学习中作用巨大，决定机器学习结果的上限，而算法只是尽可能地逼近这个上限。

获取数据包括获取原始数据以及从原始数据中经过特征工程从原始数据中提取训练、测试数据。学习过程中原始数据都是直接提供的，但是解决实际问题时需要自己获得原始数据。

数据要有具有"代表性"，例如，对于分类问题、数据偏斜，不同类别的数据数量不要相差太大。

还要对评估数据的量级、样本数量、特征数，估算训练模型对内存的消耗。如果数据量太大，可以考虑减少训练样本、降维或者使用分布式机器学习系统。

（3）特征工程

特征工程包括从原始数据中进行特征构建、特征提取、特征选择。特征工程做得好能发挥原始数据的最大效力，往往能够使得算法的效果和性能得到显著提升。

数据预处理、数据清洗、筛选显著特征、摒弃非显著特征等都是特征工程的重要内容。

（4）训练模型、诊断、调优

模型诊断中至关重要的是判断过拟合、欠拟合，常见的方法是绘制学习曲线，进行交叉验证。通过增加训练的数据量、降低模型复杂度来降低过拟合的风险，提高特征的数量和质量、增加模型复杂来防止欠拟合。

诊断后的模型需要进行进一步调优，调优后的新模型需要重新诊断，这是一个反复迭代不断逼近的过程，需要不断的尝试，进而达到最优的状态。

（5）模型验证、误差分析

通过测试数据，验证模型的有效性，观察误差样本，分析误差产生的原因，往往能使得我们找到提升算法性能的突破点。误差分析主要是分析出误差来源与数据、特征、算法。

（6）模型融合

提升算法准确度的主要方法是模型的前端（特征工程、清洗、预处理、采样）和后端的模型融合。

（7）上线运行

工程上是结果导向，模型在线上运行的效果直接决定模型的成败。

除了准确程度、误差等情况外，还要考虑运行速度、资源消耗程度和稳定性等。

6.2 Sklearn

Sklearn 是 Scipy 的扩展，是建立在 NumPy 和 Matplotlib 库基础上的一个机器学习算法库。Sklearn 设计优雅，能够使用同样的接口调用不同的算法。Sklearn 是机器学习领域中最知名的 Python 模块之一。

Sklearn 主要包括特征提取、数据处理和模型评估三大模块；主要功能有：Classification 分类、Regression 回归、Clustering 非监督分类、Dimensionality reduction 数据降维、Model Selection 模型选择、Preprocessing 数据预处理等。

1. Sklearn 特点

① 简单高效，能够在复杂环境中重复使用。

② 利用 NumPy、Scipy 和 Matplotlib 的优势，可以大大提高机器学习的效率。

③ 拥有完善的文档，上手容易，具有着丰富的 API。

④ 封装大量的机器学习算法，包括 LIBSVM 和 LIBINEAR 等。

⑤ 内置大量数据集，节省了获取和整理数据集的时间。

2. Sklearn 算法选择

Sklearn 算法主要有四类：分类、回归、聚类、降维。

① 常用的回归：线性、决策树、SVM、KNN。

② 集成回归：随机森林、Adaboost、GradientBoosting、Bagging、ExtraTrees。

③ 常用的分类：线性、决策树、SVM、KNN、朴素贝叶斯。

④ 集成分类：随机森林、Adaboost、GradientBoosting、Bagging、ExtraTrees。

⑤ 常用聚类：k 均值（K-means）、层次聚类（Hierarchical clustering）、DBSCAN。

⑥ 常用降维：LinearDiscriminantAnalysis、PCA。

Sklearn 算法选择如图 6-1 所示。

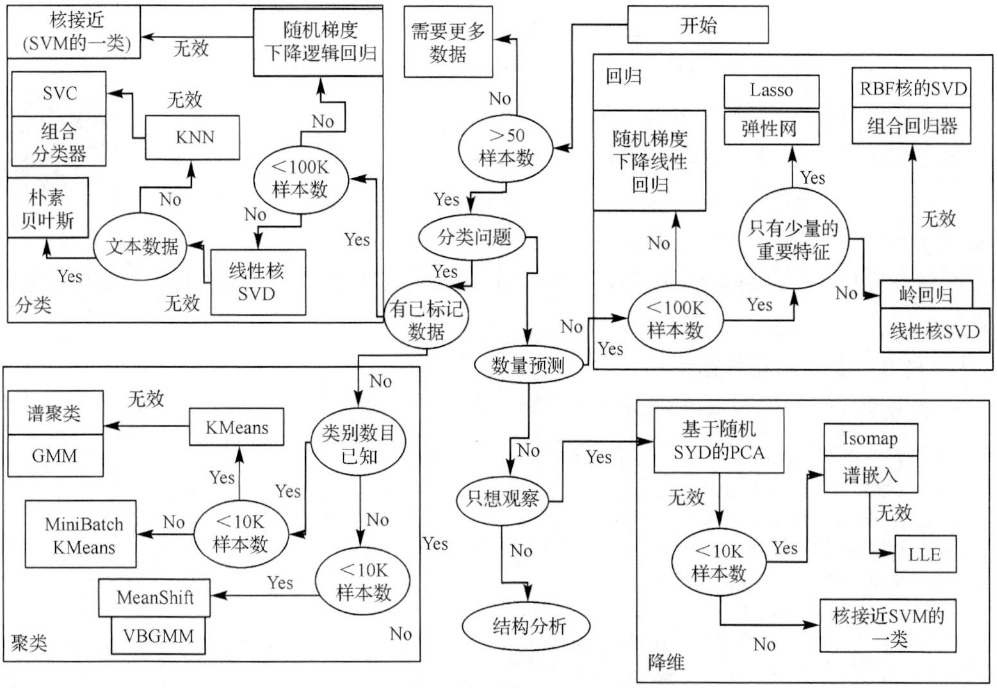

图 6-1 Sklearn 算法选择路径图

6.2.1 Sklearn 数据集

Sklearn 的数据集主要有如下 5 种：

① 自带的小数据集（Packaged Dataset）：sklearn.datasets.load_<name>。

② 可在线下载的数据集（Downloaded Dataset）：sklearn.datasets.fetch_<name>。

③ 计算机生成的数据集（Generated Dataset）：sklearn.datasets.make_<name>。

④ svmlight/libsvm 格式的数据集：sklearn.datasets.load_svmlight_file(...)。

⑤ data.org 在线下载获取的数据集：sklearn.datasets.fetch_mldata(...)。

其中，<name>表示数据集的名称，例如，iris 表示鸢尾花数据集。

1．load 数据集

其中自带的小的数据集为 sklearn.datasets.load_<name>，如表 6-1 所示。

表 6-1 load 数据集

名　　称	描　　述	适 合 任 务
load_iris()	鸢尾花数据集	分类、聚类
load_breast_cancer()	乳腺癌数据集	分类、聚类
load_digits()	手写数字数据集	分类
load_diabets()	糖尿病数据集	回归
load_boston()	波士顿房价数据集	回归
load_ linnerud	体能训练数据集	分类
load_wine()	葡萄酒数据集	分类、聚类

（1）鸢尾花数据集

Iris 数据集也称鸢尾花卉数据集，是一类多重变量分析的数据集。数据集包含 150 个数据，分为 3 类，每类 50 个数据，每个数据包含 4 个属性。可通过花萼长度、花萼宽度、花瓣长度、花瓣宽度 4 个属性预测鸢尾花卉属于山鸢尾、杂色鸢尾、维吉尼亚鸢尾 3 个种类中的一类。

该数据集包含了 4 个属性：Sepal.Length（花萼长度），单位是 cm；Sepal.Width（花萼宽度），单位是 cm；Petal.Length（花瓣长度），单位是 cm；Petal.Width（花瓣宽度），单位是 cm。

结果是种类：Iris Setosa（山鸢尾）、Iris Versicolour（杂色鸢尾）和 Iris Virginica（维吉尼亚鸢尾）。

【示例 6-1】鸢尾花数据集。

程序代码：

```
from sklearn.datasets import load_iris
import numpy as np
iris=load_iris()
print('数据属性: ',iris.keys())
print(iris.data.shape)
print(iris.data)
print(iris.target.shape)
print(iris.target)
print(iris.target_names)
np.bincount(iris.target)
```

输出结果：

```
dict_keys(['data', 'target', 'target_names', 'DESCR', 'feature_names', 'filename'])
(150, 4)
[[5.1 3.5 1.4 0.2]
 [4.9 3.  1.4 0.2]
 [4.7 3.2 1.3 0.2]
 [4.6 3.1 1.5 0.2]
 [5.  3.6 1.4 0.2]
 ...
 [6.2 3.4 5.4 2.3]
 [5.9 3.  5.1 1.8]]
(150, 4)
(150,)
[0 0 0 0 0 0 0 0 0 0 0 0 0 0 0 0 0 0 0 0 0 0 0 0 0 0 0 0 0 0 0 0 0 0 0 0 0
 0 0 0 0 0 0 0 0 0 0 0 0 0 1 1 1 1 1 1 1 1 1 1 1 1 1 1 1 1 1 1 1 1 1 1 1 1
 1 1 1 1 1 1 1 1 1 1 1 1 1 1 1 1 1 1 1 1 1 1 1 1 1 1 2 2 2 2 2 2 2 2 2 2 2
 2 2 2 2 2 2 2 2 2 2 2 2 2 2 2 2 2 2 2 2 2 2 2 2 2 2 2 2 2 2 2 2 2 2 2 2 2
 2 2]
['setosa' 'versicolor' 'virginica']
array([50, 50, 50], dtype=int64)
```

【示例 6-2】鸢尾花数据集的柱状图。

程序代码：

```
import matplotlib.pyplot as plt
%matplotlib inline
x_index=3
color=['blue','red','green']
for label,color in zip(range(len(iris.target_names)),color):
    plt.hist(iris.data[iris.target==label,x_index],label=iris.target_names[label],color=color)
```

```
plt.xlabel(iris.feature_names[x_index])
plt.legend()
plt.show()
```

输出图形如图 6-2 所示。

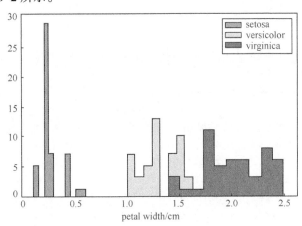

图 6-2　鸢尾花数据集柱状体

【示例 6-3】鸢尾花散点图。

程序代码：

```
x_index=0
y_index=1
colors=['blue','red','green']
for label,color in zip(range(len(iris.target_names)),colors):
    plt.scatter(iris.data[iris.target==label,x_index],
            iris.data[iris.target==label,y_index],
            label=iris.target_names[label],
            c=color)
plt.xlabel(iris.feature_names[x_index])
plt.ylabel(iris.feature_names[y_index])
plt.legend()
plt.show()
```

输出图形如图 6-3 所示。

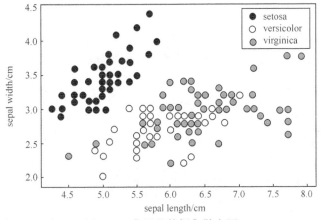

图 6-3　鸢尾花数据集散点图

（2）乳腺癌数据集

乳腺癌数据集 load_barest_cancer 是简单经典的用于二分类任务的数据集。

乳腺癌数据集

【示例6-4】乳腺癌数据集。

程序代码：

```
from sklearn.datasets import load_breast_cancer
import numpy as np
breast_cancer=load_breast_cancer()
print('数据属性: ',breast_cancer.keys())
print(breast_cancer.data.shape)
print(breast_cancer.data)
print(breast_cancer.target.shape)
print(breast_cancer.target)
print(breast_cancer.target_names)
np.bincount(breast_cancer.target)
```

输出结果：

```
数据属性: dict_keys(['data', 'target', 'target_names', 'DESCR', 'feature_names',
'filename'])
 (569, 30)
 [[1.799e+01 1.038e+01 1.228e+02 ... 2.654e-01 4.601e-01 1.189e-01]
  [2.057e+01 1.777e+01 1.329e+02 ... 1.860e-01 2.750e-01 8.902e-02]
  [1.969e+01 2.125e+01 1.300e+02 ... 2.430e-01 3.613e-01 8.758e-02]
  ...
  [1.660e+01 2.808e+01 1.083e+02 ... 1.418e-01 2.218e-01 7.820e-02]
  [2.060e+01 2.933e+01 1.401e+02 ... 2.650e-01 4.087e-01 1.240e-01]
  [7.760e+00 2.454e+01 4.792e+01 ... 0.000e+00 2.871e-01 7.039e-02]]
 (569,)
 [0 0 0 0 0 0 0 0 0 0 0 0 0 0 0 0 0 0 1 1 0 0 0 0 0 0 0 0 0 0 0 0 0 0 0 0
  1 0 0 0 0 0 0 0 1 0 1 1 1 1 1 0 0 1 0 0 1 1 1 1 0 1 0 0 1 1 1 1 0 1 0 0
  ...
  1 1 0 1 1 1 1 1 1 1 1 0 1 0 0 1 1 1 1 1 1 1 1 1 1 1 1 1 1 1
  1 1 1 1 1 0 0 0 0 0 0 1]
 ['malignant' 'benign']
```

（3）手写数字数据集

手写数字数据集 load_digits 是用于多分类任务的数据集。

（4）糖尿病数据集

糖尿病 load-diabetes 是经典的用于回归任务的数据集。

（5）波士顿房价数据集

波士顿房价数据集 load-boston 是经典的用于回归任务的数据集。

（6）体能训练数据集

体能训练数据集 load-linnerud 是经典的用于多变量回归任务的数据集，其内部包含两个小数据集：Excise 是对 3 个训练变量（引体向上、仰卧起坐、立定跳远）的 20 次观测；physiological 是对 3 个生理学变量（体重、腰围、脉搏）的 20 次观测。

（7）葡萄酒数据集

这些数据包括了 3 种酒中 13 种不同成分的数量。13 种成分分别为：Alcohol、Malicacid、Ash、Alcalinity of ash、Magnesium、Total phenols、Flavanoids、Nonflavanoid phenols、Proanthocyanins、Color intensity、Hue、OD280/OD315 of diluted wines、Proline。每行代表一种酒的样本，共有 178 个样本，对应 3 种葡萄酒，分别记为 0、1、2；其中第 1 类有 59 个样本，第 2 类有 71 个样本，第 3 类有 48 个样本。

2．make 数据集

生成数据集：可以用来分类任务、回归任务和聚类任务。

用于分类任务和聚类任务的函数：产生样本特征向量矩阵以及对应的类别标签集合。

make_blob
生成数据集

（1）make-blobs()函数

① make_blobs：多类单标签数据集，为每个类分配一个或多个正态分布的点集。

② n_samples：待生成的样本的总数。

③ n_features：每个样本的特征数。

④ centers：要生成的样本中心（类别）数，或者是确定的中心点。

⑤ cluster_std 表示每个类别的方差，例如，我们希望生成 2 类数据，其中一类比另一类具有更大的方差，可以将 cluster_std 设置为[1.0,3.0]。

【示例 6-5】make_blobs()函数生成数据集。

程序代码：

```python
%matplotlib inline
import numpy as np
import matplotlib.pyplot as plt
from sklearn.datasets.samples_generator import make_blobs
center=[[1,1,1],[-1,-1,-1],[1,-1,1]]
cluster_std=0.3
X,labels=make_blobs(n_samples=200,centers=center,n_features=2,
                cluster_std=cluster_std,random_state=0)
print('X.shape',X.shape)
print("labels",set(labels))
unique_lables=set(labels)
colors=plt.cm.Spectral(np.linspace(0,1,len(unique_lables)))
for k,col in zip(unique_lables,colors):
    x_k=X[labels==k]
    plt.plot(x_k[:,0],x_k[:,1],'o',markerfacecolor=col,markeredgecolor="k",
            markersize=8)
plt.show()
```

输出结果：

```
X.shape (200, 3)
labels {0, 1, 2}
```

make_classi-
fication 生成
数据集

输出图形如图 6-4 所示。

（2）make_classification()函数数据集

make_classification：多类单标签数据集，为每个类分配一个或多个正态分布的点集，提供了为数据添加噪声的方式，包括维度相关性，无效特征以及冗余特征等。

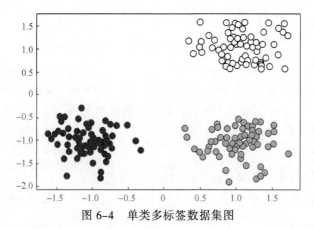

图 6-4 单类多标签数据集图

【**示例 6-6**】make_classification()函数生成数据集。

程序代码：

```
import matplotlib.pyplot as plt
%matplotlib inline
import numpy as np
from sklearn.datasets.samples_generator import make_classification
X,labels=make_classification(n_samples=200,n_features=2,n_redundant=0,
n_informative=2,random_state=1,n_clusters_per_class=2)
unique_lables=set(labels)
colors=plt.cm.Spectral(np.linspace(0,1,len(unique_lables)))
for k,col in zip(unique_lables,colors):
    x_k=X[labels==k]
    plt.plot(x_k[:,0],x_k[:,1],'o',markerfacecolor=col,markeredgecolor="k",
            markersize=8)
plt.show()
```

输出图形如图 6-5 所示。

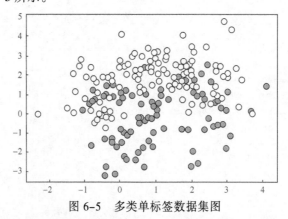

图 6-5 多类单标签数据集图

（3）生成球形判决界面数据集

make_circles 和 make_moom 产生二维二元分类数据集来测试某些算法的性能，可以为数据集添加噪声，可以为二元分类器产生一些球形判决界面的数据。

【**示例 6-7**】生成球形判决界面数据集。

程序代码：

make_circle
生成数据集

```
import matplotlib.pyplot as plt
%matplotlib inline
import numpy as np
from sklearn.datasets.samples_generator import make_circles
data,target=make_circles(n_samples=200,noise=0.2,factor=0.2,random_sta
te=1)
print("X.shape:",data.shape)
print("labels:",set(target))
unique_lables=set(target)
colors=plt.cm.Spectral(np.linspace(0,1,len(unique_lables)))
for k,col in zip(unique_lables,colors):
    x_k=data[target==k]
    plt.plot(x_k[:,0],x_k[:,1],'o',markerfacecolor=col,markeredgecolor
            ="k",markersize=8)
plt.show()
```

输出结果：

```
X.shape: (200, 2)
labels: {0, 1}
```

输出图形如图 6-6 所示。

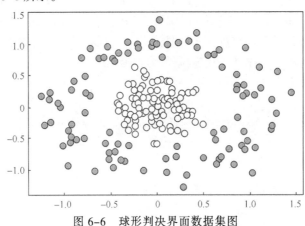

图 6-6   球形判决界面数据集图

（4）make_gaussian-quantiles

将一个单高斯分布的点集划分为两个数量均等的点集，作为两类。

（5）make_hastie-10-2

产生一个相似的二元分类数据集，有 10 个维度。

6.2.2   Sklearn 常用算法

Sklearn 对机器学习常用算法都做了实现，只需要调用即可。

1．线性回归

线性回归是利用数理统计中回归分析，来确定两种或两种以上变量间相互依赖的定量关系的一种统计分析方法，运用十分广泛。其表达形式为 $y = w'x + b$。

回归分析中，只包括一个自变量和一个因变量，且二者的关系可用一条直线近似表示，这种回归分析称为一元线性回归分析。如果回归分析中包括两个或两个以上的自变量，且因变量和自变量之间是线性关系，则称为多元线性回归分析。

线性分析实际上是用一条直线去拟合一大堆数据，求出系数 w 和截距 b，获得直线方程，然后可以使用函数求出其他未知的值。

Sklearn 中线性回归使用最小二乘法实现，使用起来非常简单。

线性回归是回归问题，其回归模型的评价函数 score 使用 R2 系数作为评价标准。

```
model=sk_linear.LinearRegression(fit_intercept=True,normalize=False,
copy_X=True,n_jobs=1)
```

参数说明如下：

① fit_intercept：是否计算截距。False 表示模型没有截距。

② normalize：当 fit_intercept 设置为 False 时，该参数将被忽略。如果为真，则回归前的回归系数 X 将通过减去平均值并除以 L2-范数进行归一化预处理。

③ copy_X：是否对 X 数组进行复制，默认为 True。

④ n_jobs：指定线程数。

2. 逻辑回归

逻辑回归是一种广义线性回归（Generalized Linear Model），因此与多重线性回归分析有很多相同之处。它们的模型形式基本上相同，都具有 $y = w'x + b$，其中 w 和 b 是待求参数，其区别在于它们的因变量不同，多重线性回归直接将 $w'x + b$ 作为因变量，即 $y = w'x + b$，而逻辑回归则通过函数 L 将 $w'x + b$ 对应一个隐状态 p，$p = L(w'x + b)$，然后根据 p 与 $1-p$ 的大小决定因变量的值。如果 L 是逻辑函数，就是逻辑回归，如果 L 是多项式函数就是多项式回归。

逻辑回归的评价函数 score 使用准确率作为评价标准。

逻辑回归使用如下：

```
import sklearn.linear_model as sk_linear
model=sk_linear.LogisticRegression(penalty='l2', dual=False, C=1.0, n_jobs=1,
random_state=20, fit_intercept=True)
```

参数说明如下：

① penalty：使用指定正则化项，默认为 L2。

② dual: n_samples > n_features 取 False（默认）。

③ C：正则化强度的值，值越小正则化强度越大。

④ n_jobs: 指定线程数。

⑤ random_state：随机数生成器。

⑥ fit_intercept: 是否需要常量。

3. 朴素贝叶斯

贝叶斯分类是一类分类算法的总称，这类算法均以贝叶斯定理为基础，故统称为贝叶斯分类。朴素贝叶斯分类是贝叶斯分类中最简单，也是常见的一种分类方法。

朴素贝叶斯的核心便是贝叶斯公式：$P(B|A)=P(A|B)P(B)/P(A)$，即在 A 条件下，B 发生的概率，换个角度可以表示为：$P(类别|特征)=P(特征|类别)P(类别)/P(特征)$。

朴素贝叶斯求解的就是 $P(类别|特征)$。

朴素贝叶斯的使用如下：

```
import sklearn.naive_bayes as sk_bayes
model=sk_bayes.MultinomialNB(alpha=1.0, fit_prior=True, class_prior=None)
                                    # 多项式分布的朴素贝叶斯
```

```
model=sk_bayes.BernoulliNB(alpha=1.0, binarize=0.0, fit_prior=True,
class_prior=None)                    #伯努利分布的朴素贝叶斯
model=sk_bayes.GaussianNB()          #高斯分布的朴素贝叶斯
```

参数说明如下：

① alpha：平滑参数。

② fit_prior：是否要学习类的先验概率；False 表示使用统一的先验概率。

③ class_prior：是否指定类的先验概率；若指定则不能根据参数调整。

④ binarize：二值化的阈值，若为 None，则假设输入由二进制向量组成。

4．决策树

决策树（Decision Tree）是在已知各种情况发生概率的基础上，通过构成决策树来求取净现值的期望值大于等于零的概率，评价项目风险，判断其可行性的决策分析方法，是直观运用概率分析的一种图解法。由于这种决策分支画成图形很像一棵树的枝干，故称决策树。

在机器学习中，决策树是一个预测模型，它代表的是对象属性与对象值之间的一种映射关系。

决策树是一种树形结构，其中每个内部结点表示一个属性上的测试，每个分支代表一个测试输出，每个叶结点代表一种类别。

决策树使用如下：

```
import sklearn.tree as sk_tree
model=sk_tree.DecisionTreeClassifier( criterion='entropy', max_depth=
None, min_samples_split=2, min_samples_leaf=1, max_features=None, max_leaf_nodes=
None, min_impurity_decrease=0)
```

参数说明如下：

① criterion：特征选择准则 gini/entropy。

② max_depth：树的最大深度，None 表示尽量下分。

③ min_samples_split：分裂内部结点，所需要的最小样本树。

④ min_samples_leaf：叶子结点所需要的最小样本数。

⑤ max_features：寻找最优分割点时的最大特征数。

⑥ max_leaf_nodes：优先增长到最大叶子结点数。

⑦ min_impurity_decrease：如果这种分离导致杂质的减少大于或等于这个值，则结点将被拆分。

5．SVM（支持向量机）

支持向量机是通过求解最大化间隔解决分类问题。

支持向量机将向量映射到一个更高维的空间,在这个空间里建立有一个最大间隔超平面。在分开数据的超平面的两边建有两个互相平行的超平面。建立方向合适的分隔超平面使两个与之平行的超平面间的距离最大化。其假定为，平行超平面间的距离或差距越大，分类器的总误差越小。

SVM 的关键在于核函数。低维无法线性划分的问题放到高维就可以线性划分，一般用高斯函数。

支持向量机使用如下：

```
import sklearn.svm as sk_svm
model=sk_svm.SVC(C=1.0,kernel='rbf',gamma='auto')
```

参数说明如下：

① C：误差项的惩罚参数 C。

② kernel：核函数选择，默认为 rbf(高斯核函数)，可选'linear'、'poly'、'rbf'、'sigmoid'、'precomputed'。

③ gamma：核相关系数，是一个浮点数，决定了数据映射到新的特征空间后的分布。gamma 越大，支持向量越少；gamma 值越小，支持向量越多。如果 gamma 取值'auto'，则 gamma 等于 1/n_features。

6. 神经网络

神经网络是一种模仿动物神经网络行为特征，进行分布式并行信息处理的算法数学模型。这种网络依靠系统的复杂程度，通过调整内部大量结点之间相互连接的关系，从而达到处理信息的目的，并具有自学习和自适应的能力。

神经网络使用如下：

```
import sklearn.neural_network as sk_nn
model=sk_nn.MLPClassifier(activation='tanh', solver='adam',alpha= 0.0001,
learning_rate='adaptive', learning_rate_init=0.001, max_iter=200)
```

参数说明如下：

① activation：激活函数{'identity', 'logistic', 'tanh', 'relu'}，默认为'relu'。

② solver：优化算法{'lbfgs', 'sgd', 'adam'}。lbfgs：quasi-Newton 方法的优化器；sgd：随机梯度下降；adam：Kingma、Diederik 和 Jimmy Ba 提出的机遇随机梯度的优化器。

③ alpha：L2 惩罚（正则化项）参数。

④ learning_rate：学习率 {'constant', 'invscaling', 'adaptive'} constant:有'learning_rate_init'给定的恒定学习率；incscaling：随着时间 t 使用'power_t'的逆标度指数不断降低学习率；adaptive：只要训练损耗在下降，就保持学习率为'learning_rate_init'不变。

⑤ learning_rate_init：初始学习率，默认 0.001。

⑥ max_iter：最大迭代次数，默认 200。

7. KNN（K-近邻算法）

KNN 十分常用也非常好用，并且最简单易懂。由于算法先天优势，KNN 甚至不需要训练就可以得到非常好的分类效果。

在训练集中数据和标签已知的情况下，输入测试数据，将测试数据的特征与训练集中对应的特征进行相互比较，找到训练集中与之最为相似的前 K 个数据，则该测试数据对应的类别就是 K 个数据中出现次数最多的那个分类。

其算法的描述如下：

① 计算测试数据与各个训练数据之间的距离。

② 按照距离的递增关系进行排序。

③ 选取距离最小的 K 个点。

④ 确定前 K 个点所在类别的出现频率。

⑤ 返回前 K 个点中出现频率最高的类别作为测试数据的预测分类。

KNN 算法使用如下：

```
import sklearn.neighbors as sk_neighbors
model=sk_neighbors.KNeighborsClassifier(n_neighbors=5,n_jobs=1)        #KNN 分类
```

```
model=sk_neighbors.KNeighborsRegressor(n_neighbors=5,n_jobs=1)    #KNN 回归
```

参数说明如下：

① n_neighbors：使用邻居的数目。

② n_jobs：并行任务数。

6.2.3 数据预处理

数据预处理阶段是机器学习中不可缺少的一环，它会使得数据更加有效地被模型或者评估器识别。下面是 Sklearn 中常用的预处理方法。

1. 标准化

为了使得训练数据的标准化规则与测试数据的标准化规则同步，preprocessing 中提供了很多 Scaler。

① 基于 mean 和 std 的标准化。

② 最小–最大标准化。

标准化预处理

【示例 6-8】标准化数据。

程序代码：

```
from sklearn import preprocessing
from sklearn import datasets
diabetes=datasets.load_diabetes()
data,target=diabetes.data,diabetes.target
scaler=preprocessing.StandardScaler().fit(data)
pre_X=scaler.transform(data)
print('预处理前: \n',data)
print("预处理后1: \n",pre_X)
scaler=preprocessing.MinMaxScaler(feature_range=(0, 1)).fit(data)
pre_X_2=scaler.transform(pre_X)
print("预处理后2: \n",pre_X_2)
```

输出结果：

```
预处理前:
[[ 0.03807591  0.05068012  0.06169621 ... -0.00259226  0.01990842
  -0.01764613]
[-0.00188202 -0.04464164 -0.05147406 ... -0.03949338 -0.06832974
  -0.09220405]
[ 0.08529891  0.05068012  0.04445121 ... -0.00259226  0.00286377
  -0.02593034]
 ...
[-0.04547248 -0.04464164 -0.0730303  ... -0.03949338 -0.00421986
   0.00306441]]
预处理后1:
[[ 0.80050009  1.06548848  1.29708846 ... -0.05449919  0.41855058
  -0.37098854]
[-0.03956713 -0.93853666 -1.08218016 ... -0.83030083 -1.43655059
  -1.93847913]
[ 1.79330681  1.06548848  0.93453324 ... -0.05449919  0.06020733
  -0.54515416]
 ...
[-0.9560041  -0.93853666 -1.53537419 ... -0.83030083 -0.08871747
   0.06442552]]
```

预处理后 2:
```
[[ 4.16479061 11.6461359    5.31902382 ...  0.08368843  2.09724909
   -0.85310599]
 [ 0.31042801 -9.37766014 -3.80287116 ... -2.88158605 -5.0460976
   -6.58686855]
 [ 8.71994642 11.6461359    3.92902077 ...  0.08368843  0.71739438
   -1.49019072]
 ...
 [-3.8943312  -9.37766014 -5.54037496 ... -2.88158605  0.143937
    0.73960583]]
```

程序分析:

预处理后 2 的输出结果与 feature_range:(0,1)是矛盾的。原因是训练（fit）的数据是 data，而转化（transform）的数据 pre_X。根据 data 训练的转化公司并不适用 pre_X 数据，把 pre_X 修改为 data 试一试。

归一化预
处理

2. 归一化（normalize）

归一化的过程是将每个样本缩放到单位范数（每个样本的范数为 1），其思想是对每个样本计算其 p-范数，然后对该样本中每个元素除以该范数，这样处理的结果是使得每个处理后样本的 p-范数（l1-范数，l2-范数）等于 1。

```
preprocessing.normalize(X, norm=opt)
```

参数 norm 取值 l1 表示 L1-范数（绝对值的和），l2 表示 L2-范数（欧几里得），max 表示将每个样本的各维特征除以该样本各维特征的最大值。

【示例 6-9】归一化。

程序代码:

```
from sklearn import preprocessing
X = [[ 1., -1.,  2.],
     [ 2.,  0.,  0.],
     [ 0.,  1., -1.]]
X_normalized = preprocessing.normalize(X, norm='l2')
print('归一化前: ',X)
print('归一化后: ', X_normalized)
```

输出结果:

```
预处理前:
归一化前:  [[1.0, -1.0, 2.0], [2.0, 0.0, 0.0], [0.0, 1.0, -1.0]]
归一化后:  [[ 0.40824829 -0.40824829  0.81649658]
 [ 1.          0.          0.        ]
 [ 0.          0.70710678 -0.70710678]]
```

3. one-hot 编码

one-hot 编码
预处理

one-hot 编码是一种对离散特征值的编码方式，在 LR 模型中常用到，用于给线性模型增加非线性能力。

【示例 6-10】one-hot 编码。

程序代码:

```
from sklearn import preprocessing
data=[[0, 0, 3], [1, 1, 0], [0, 2, 1], [1, 0, 2]]
```

```
encoder=preprocessing.OneHotEncoder().fit(data)
data=encoder.transform(data).toarray()
print(data)
```

输出结果：

```
[[1. 0. 1. 0. 0. 0. 0. 0. 1.]
 [0. 1. 0. 1. 0. 1. 0. 0. 0.]
 [1. 0. 0. 0. 1. 0. 1. 0. 0.]
 [0. 1. 1. 0. 0. 0. 0. 1. 0.]]
```

4. 二值化处理

函数 binarizer()进行二值化处理。

5. 自定义函数变化

函数 functionTransformer()进行自定义函数变换。

6.2.4 数据集拆分

通常把数据集拆分成训练集和测试集（验证集），这样有助于模型参数的选取。

函数 train_test_split()将数据集进行拆分，其格式如下：

数据集拆分

```
train_test_split(*arrays, **options)
```

参数说明如下：

① arrays：样本数组，包含特征向量和标签。

② test_size：如果是 float 类型，表示获得多大比重的测试样本，默认为 0.25；如果是 int 类型，表示获得多少个测试样本。

③ train_size：与 test_size 相似。

④ random_state：是 int 类型，表示随机种子。相同的随机种子，产生相同的随机结果。

⑤ shuffle：表示是否在分割之前对数据进行洗牌，默认为 True。

返回分割后的列表。

【示例 6-11】

程序代码：

```
from sklearn.model_selection import train_test_split
from sklearn import datasets
diabetes=datasets.load_diabetes()
X_train,X_test,y_train,y_test=train_test_split(diabetes.data,diabetes.
target,random_state=0)
print(X_train.shape,X_test.shape)
print(y_train.shape,y_test.shape)
```

输出结果：

```
(331, 10) (111, 10)
(331,) (111,)
```

6.2.5 模型评估

模型评估是对预测质量的评估，即模型的评价，主要有 3 种方法。

1. 模型自带 score()函数

使用 model.score(X_test,y_test)可以获得模型的评价，其值为[0,1]之间的数，1 表示最好。

其中，参数 X_test 表示测试集，参数 y_test 表示测试集对应的值。

2．cross_val_score()函数

函数 cross_val_score()会得到一个对于当前模型的评估得分。在该函数中最主要的参数有两个：scoring 和 cv。

scoring 用于参数设置打分的方式，其取值如表 6-2 中的第一列所示，如 accuracy。

cv 参数表示数据划分方式，通常默认的是 KFold 或者 stratifiedKFold 方法。

```
from sklearn.cross_validation import cross_val_score
scores=cross_val_score(knn, X, y, scoring='accuracy')
```

3．评估函数

Sklearn 预定义了一些评估函数，这些评估函数也可以用来设置 corss_val_score()的 scoring 的值，也可以调用函数名称获取评估值。预定义的评估函数如表 6-2 所示。

表 6-2　预定义的评估函数

名　称	函 数 名 称
accuracy（精确率）	metrics.accuracy_score
average_precision	metrics.average_precision_score
f1	metrics.f1_score
f1_micro	metrics.f1_score
f1_macro	metrics.f1_score
f1_weighted	metrics.f1_score
f1_samples	metrics.f1_score
neg_log_loss	metrics.log_loss
precision（精度）	metrics.precision_score
recall（召回率）	metrics.recall_score
roc_auc	metrics.roc_auc_score
adjusted_rand_score	metrics.adjusted_rand_score
neg_mean_absolute_error	metrics.mean_absolute_error
neg_mean_squared_error	metrics.mean_squared_error
neg_median_absolute_error	metrics.median_absolute_error
r2	metrics.r2_score

6.2.6　Sklearn 常用方法

Sklearn 中所有的模型都有 4 个固定且常用的方法。

1．模型训练

```
model.fit(X_train, y_train)
```

2．模型预测

```
model.predict(X_test)
```

3．获得这个模型的参数

```
model.get_params()
```

4．为模型进行评价

```
model.score(data_X, data_y)
```

函数 score()对于回归问题以 R2 参数为标准，分类问题以准确率为标准。

6.2.7 模型的保存和载入

模型的保存和载入方便我们将训练好的模型保存与共享。模型保存和载入方法如下：

```
import sklearn.externals as sk_externals
sk_externals.joblib.dump(model,'model.pickle')      #保存
model=sk_externals.joblib.load('model.pickle')      #载入
```

6.3 降维

降维是对数据高维度特征的一种预处理方法。降维将高维度的数据保留下最重要的一部分特征，去除噪声和不重要的特征，从而实现提升数据处理速度的目的。在实际的生产和应用中，降维在一定的信息损失范围内，可以节省大量的时间和成本。降维也成为应用非常广泛的数据预处理方法。降维具有如下一些优点：

① 使得数据集更易使用。

② 降低算法的计算开销。

③ 去除噪声。

④ 使得结果容易理解。

Sklearn 数据降维的主要函数如表 6-3 所示。

表 6-3 降维使用的函数

函　数	描　述
fit()	训练，通过分析特征和目标值提取有价值的信息
transform()	转换，利用训练模型对特征进行数据转换
fit-transform()	先调用 fit，再调用 transform

6.3.1 PCA（主成分分析）

PCA（Principal Component Analysis）即主成分分析方法，是一种使用最广泛的数据压缩算法，是无监督的学习方法。

PCA 降维

在 PCA 中，数据从原来的坐标系转换到新的坐标系，由数据本身决定。转换坐标系时，以方差最大的方向作为坐标轴方向，因为数据的最大方差给出了数据的最重要的信息。第一个新坐标轴选择的是原始数据中方差最大的方法，第二个新坐标轴选择的是与第一个新坐标轴正交且方差次大的方向。重复该过程，重复次数为原始数据的特征维数。

信号具有较大的方差，噪声具有较小的方差，因此 PCA 的目标是新坐标系上数据的方差越大越好。

PCA()函数调用格式如下：

```
sk_decomposition.PCA(n_components='mle',whiten=False,svd_solver='auto')
```

参数说明如下：

① n_components：指定 PCA 降维后的特征维度数目（>1），指定主成分的方差和所占的最小比例阈值（0～1），'mle'用 MLE 算法根据特征的方差分布情况自己去选择一定数量的主成分特征来降维。

② whiten：判断是否进行白化。白化：降维后的数据的每个特征进行归一化，让方差都为 1。

③ svd_solver：奇异值分解 SVD 的方法，取值：auto、full、arpack、randomized。

【示例 6-12】 默认维度的主成分分析（一）。

程序代码：

```
import sklearn.datasets as datasets
import sklearn.decomposition as sk_decomposition
diabetes=datasets.load_diabetes()
diabetes_X=diabetes.data
pca=sk_decomposition.PCA(n_components='mle',whiten=False,svd_solver=
'auto')
pca.fit(diabetes_X)
reduced_X=pca.transform(diabetes_X)    #reduced_X 为降维后的数据
print('降维前的特征数: ',diabetes_X.shape[1])
print('降维后的特征数: ',pca.n_components_)
print('降维后的各主成分的方差值占总方差值的比例',pca.explained_ variance_ ratio_)
print ('降维后的各主成分的方差值',pca.explained_variance_)
```

输出结果：

```
降维前的特征数:  10
降维后的特征数:  9
降维后的各主成分的方差值占总方差值的比例 [0.40242142 0.14923182 0.12059623
0.09554764 0.06621856 0.06027192
  0.05365605 0.04336832 0.00783199]
降维后的各主成分的方差值 [0.0091252  0.00338394 0.00273461 0.00216661
0.00150155 0.00136671
  0.00121669 0.00098341 0.0001776 ]
```

【示例 6-13】 指定维度的主成分分析（二）。

程序代码：

```
import sklearn.datasets as datasets
import sklearn.decomposition as sk_decomposition
diabetes=datasets.load_diabetes()
diabetes_X=diabetes.data
pca=sk_decomposition.PCA(n_components=5,whiten=False, svd_solver='auto')
pca.fit(diabetes_X)
reduced_X=pca.transform(diabetes_X)        #reduced_X 为降维后的数据
print('降维前的特征数: ',diabetes_X.shape[1])
print('降维后的特征数: ',pca.n_components_)
print('降维后的各主成分的方差值占总方差值的比例',pca.explained_ variance_ ratio_)
print ('降维后的各主成分的方差值',pca.explained_variance_)
```

输出结果：

```
降维前的特征数:  10
降维后的特征数:  5
降维后的各主成分的方差值占总方差值的比例 [0.40242142 0.14923182 0.12059623
0.09554764 0.06621856]
```

降维后的各主成分的方差值 [0.0091252　　0.00338394　0.00273461　0.00216661
0.00150155]

6.3.2　LDA（线性评价分析）

LDA 降维

LDA 基于费舍尔准则，即同类样本尽可能聚合在一起，不同类样本尽量扩散，即同类样本具有较好的聚合度，类别间具有较好的扩散度。

LDA 调用格式如下：

```
lda=sk_discriminant_analysis.LinearDiscriminantAnalysis(n_components=2,
solver='svd', shrinkage=None)
```

参数说明如下：

① n_components：指定希望 PCA 降维后的特征维度数目。注意只能为[1,类别数-1)范围之间的整数。如果不是用于降维，则这个值可以用默认的 None。

② solver：即求 LDA 超平面特征矩阵使用的方法。可以选择的方法有奇异值分解 svd，最小二乘 lsqr 和特征分解 eigen。一般来说，特征数非常多的时候推荐使用 svd，而特征数不多的时候推荐使用 eigen。如果使用 svd，则不能指定正则化参数 shrinkage 进行正则化。默认值是 svd。

③ shrinkage：正则化参数，可以增强 LDA 分类的泛化能力，降维时一般忽略这个参数。默认是 None，即不进行正则化。

【示例 6-14】线性评价分析。

程序代码：

```
import sklearn.datasets as datasets
import sklearn.discriminant_analysis as sk_discriminant_analysis
from sklearn.model_selection import train_test_split
diabetes=datasets.load_diabetes()
diabetes_X=diabetes.data
diabetes_Y=diabetes.target
X_train, X_test, y_train, y_test=train_test_split(diabetes_X, diabetes_Y,
test_size=0.3, random_state=1)
lda=sk_discriminant_analysis.LinearDiscriminantAnalysis(n_components=3)
diabetes=datasets.load_diabetes()
diabetes_X=diabetes.data
diabetes_Y=diabetes.target
lda.fit(diabetes_X,diabetes_Y)
reduced_X=lda.transform(diabetes_X)  #reduced_X 为降维后的数据
print('',diabetes_X.shape)
print('',reduced_X.shape)
```

输出结果：

```
(442, 10)
(442, 3)
```

【示例 6-15】线性评价分析二维图示。

程序代码：

```
%matplotlib inline
import numpy as np
```

```
import matplotlib.pyplot as plt
from sklearn.datasets.samples_generator import make_blobs
import sklearn.discriminant_analysis as sk_discriminant_analysis
from sklearn.model_selection import train_test_split
center=[[1,1,1,1,1,1,1,1,1,1],[-1,-1,-1,-1,-1,-1,-1,-1,-1,-1],
[1,-1,1,-1,1,-1,1,-1,1,-1]]
cluster_std=0.3
data,target=make_blobs(n_samples=200,centers=center,n_features=10,
                cluster_std=cluster_std,random_state=0)
#X_train, X_test, y_train, y_test=train_test_split(diabetes_X, diabetes_Y,
test_size=0.3, random_state=1)
lda=sk_discriminant_analysis.LinearDiscriminantAnalysis(n_components=2)
lda.fit(data,target)
reduced_X=lda.transform(data) #reduced_X 为降维后的数据
print(data.shape,reduced_X.shape)
print(lda.score(data,target))
plt.scatter(reduced_X[:,0],reduced_X[:,1])
```

输出结果：

```
(200, 10) (200, 2)
1.0
```

输出图形如图 6-7 所示。

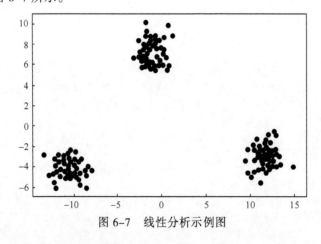

图 6-7　线性分析示例图

6.4　回归

　　回归分析（Regression Analysis）是确定两种或两种以上变量间相互依赖的定量关系的一种统计分析方法，应用十分广泛。回归分析按照涉及的自变量的多少，分为回归和多重回归分析；按照自变量的多少，可分为一元回归分析和多元回归分析；按照自变量和因变量之间的关系类型，可分为线性回归分析和非线性回归分析。如果在回归分析中，只包括一个自变量和一个因变量，且二者的关系可用一条直线近似表示，则这种回归分析称为一元线性回归分析。如果回归分析中包括两个或两个以上的自变量，且因变量和自变量之间是线性关系，则称为多重线性回归分析。

　　Sklearn 实现了多种回归算法，常用的回归算法如表 6-4 所示。

表 6-4　常用的回归算法

回归算法名称	函 数 名 称	所 在 模 块
线性回归	LinearRegression	linear_model
逻辑回归	LogisticRegression	linear_model
支持向量机	SVR	svm
最近邻回归	KNeighborsRegressor	neighbors
回归决策树	DecisionTreeRegressor	tree
随机森林回归	RandomForestRegressor	ensemble
梯度提升回归树	GradientBootingRegressor	ensemble

6.4.1　线性回归

线性回归是利用数理统计中的回归分析，来确定两种或两种以上变量间相互依赖的定量关系的一种统计分析方法，运用十分广泛。

【示例 6-16】线性回归。

程序代码：

线性回归

```
%matplotlib inline
import matplotlib.pyplot as plt
import numpy as np
from sklearn import datasets,linear_model
from sklearn.model_selection import train_test_split
diabetes=datasets.load_diabetes()
X_train,X_test,y_train,y_test=train_test_split(diabetes.data,diabetes.target)
linear=linear_model.LinearRegression()
linear.fit(X_train,y_train)
print('线性回归均方误差:%.2f' % np.mean((linear.predict(X_test)- y_test)**2))
print('模型评价:',linear.score(diabetes.data,diabetes.target))
```

输出结果：

```
线性回归均方误差:3278.44
模型评价: 0.5126860804798281
```

【示例 6-17】线性回归二维图示。

程序代码：

```
%matplotlib inline
import matplotlib.pyplot as plt
import sklearn.decomposition as decomposition
import numpy as np
from sklearn import datasets,linear_model
from sklearn.model_selection import train_test_split
diabetes=datasets.load_diabetes()
pca=decomposition.PCA(n_components=2)
pca.fit(diabetes.data)
reduced_X=pca.transform(diabetes.data)
X_train,X_test,y_train,y_test=train_test_split(diabetes.data, diabetes.target)
linear=linear_model.LinearRegression()
linear.fit(X_train,y_train)
```

```
print('线性回归均方误差:%.2f' % np.mean((linear.predict(X_test)- y_test)**2))
print(linear.score(diabetes.data,diabetes.target))
plt.scatter(X_test[:,0],X_test[:,1])
```

输出结果：

```
线性回归均方误差:2892.30
0.5144806361853437
```

输出图形如图 6-8 所示。

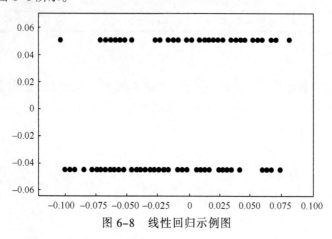

图 6-8　线性回归示例图

6.4.2　逻辑回归

逻辑回归与多重线性回归同属一个广义线性模型家族，因此有很多相同之处，但也有不同之处，最大的区别就在于它们的因变量不同。

① 如果是连续的，就是多重线性回归。

② 如果是二项分布，就是逻辑回归。

③ 如果是 Poisson 分布，就是 Poisson 回归。

④ 如果是负二项分布，就是负二项回归。

逻辑回归的因变量可以是二分类的，也可以是多分类的，但是二分类的更为常用，也更加容易解释。所以，实际中最常用的就是二分类的逻辑回归。

逻辑回归主要在流行病学中应用较多，比较常用的情形是探索某疾病的危险因素，根据危险因素预测某疾病发生的概率等。例如，想探讨胃癌发生的危险因素，可以选择两组人群，一组是胃癌组，一组是非胃癌组，两组人群肯定有不同的体征和生活方式等。这里的因变量就是是否胃癌，即"是"或"否"，自变量就可以包括很多，如年龄、性别、饮食习惯、幽门螺杆菌感染等。自变量既可以是连续的，也可以是分类的。

回收（Regression）问题的常规步骤如下：

① 寻找 h()函数（即 hypothesis）。

② 构造 J()函数（损失函数）。

③ 想办法使得 J 函数最小并求得回归参数（θ）。

【示例 6-18】逻辑回归-糖尿病数据集。

程序代码：

```
%matplotlib inline
import matplotlib.pyplot as plt
import numpy as np
from sklearn import datasets,linear_model
diabetes=datasets.load_diabetes()
diabetes_X=diabetes.data[:,np.newaxis,2]
diabetes_X_train=diabetes_X[:-20]
diabetes_X_test=diabetes_X[-20:]
diabetes_y_train=diabetes.target[:-20]
diabetes_y_test=diabetes.target[-20:]
logistic=linear_model.LogisticRegression()
logistic.fit(diabetes_X_train,diabetes_y_train)
print('逻辑回归均方误差:%.2f' % np.mean((logistic.predict(diabetes_X_test)
-diabetes_y_test)**2))
print(logistic.score(diabetes_X,diabetes.target))
plt.scatter(diabetes_X_test,diabetes_y_test,color='black')
plt.plot(diabetes_X_test,logistic.predict(diabetes_X_test),color='blue
',linewidth=3)
plt.show()
```

输出结果：

```
逻辑回归均方误差:10277.60
0.013574660633484163
(20, 1)
```

输出图形如图 6-9 所示。

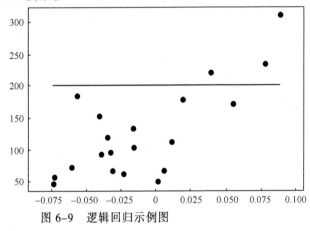

图 6-9　逻辑回归示例图

6.4.3　回归决策树

Sklearn 中 DecisionTreeRegressor 的参数如下：

① max_depth：树的最大深度，也就是说当树的深度到达 max_depth 时，无论还有多少可以分支的特征，决策树都会停止运算。

② min_samples_split：分裂所需的最小数量的结点数。当叶结点的样本数量小于该参数后，则不再生成分支。该分支的标签分类以该分支下标签最多的类别为准。

③ min_samples_leaf：一个分支所需要的最少样本数，如果在分支之后，某一个新增叶结点的特征样本数小于该参数，则退回，不再进行剪枝。退回后的叶结点的标签以该叶结点中最多的标签为准。

④ min_weight_fraction_leaf：最小的权重系数。

⑤ max_leaf_nodes：最大叶结点数，None 表示无限制，取整数时忽略 max_depth。

【示例 6-19】回归决策树。

程序代码：

```python
import numpy as np
from sklearn.tree import DecisionTreeRegressor
import matplotlib.pyplot as plt
%matplotlib inline
rng=np.random.RandomState(100)
X=np.sort(10 * rng.rand(160, 1), axis=0)
y=np.sin(X).ravel()
y[::5]+=2*(0.5-rng.rand(32))    # 每五个点增加一次噪声
regr_1=DecisionTreeRegressor(max_depth=2)
regr_2=DecisionTreeRegressor(max_depth=5)
regr_3=DecisionTreeRegressor(max_depth=8)
regr_1.fit(X, y)
regr_2.fit(X, y)
regr_3.fit(X, y)
# Predict
X_test=np.arange(0.0, 10.0, 0.01)[:, np.newaxis]
y_1=regr_1.predict(X_test)
y_2=regr_2.predict(X_test)
y_3=regr_3.predict(X_test)
plt.figure()
plt.scatter(X, y, s=20, edgecolor="black", c="darkorange", label="data")
plt.plot(X_test, y_1, color="cornflowerblue",
        label="max_depth=2", linewidth=2)
plt.plot(X_test, y_2, color="yellowgreen", label="max_depth=5", linewidth=2)
plt.plot(X_test, y_3, color="r", label="max_depth=8", linewidth=2)
plt.legend()
plt.show()
```

输出图形如图 6-10 所示。

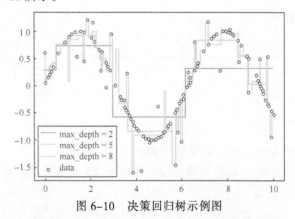

图 6-10　决策回归树示例图

6.5　分类

在机器学习和统计中，分类是基于包含其类别成员已知的实例训练数据集来识别新观察所属的一组类别中的哪一个问题。例如，将给定的电子邮件分配给"垃圾邮件"或"非垃圾邮件"类。分类是模式识别的一个例子。

在机器学习的术语中，分类被认为是监督学习的一个实例，即学习可以获得正确识别训练集的情况。

实现分类的算法，特别是在具体实现中，被称为分类器。

常用的分类算法包括贝叶斯、分类决策树、随机森林分类、支持向量机和 K 最近邻分类等，如表 6-5 所示。

表6-5 常用分类算法

分类算法名称	函 数 名 称	所 在 模 块
逻辑回归	LogisticRegression	linear_model
支持向量机	SVC	linear_model
K 最近领分类	KneighborsClassifier	svm
高斯朴素贝叶斯	GaussianNB	naive_bayes
分类决策树	DecisionTreeClassifier	tree
随机森林分类	RandomForestClassifier	ensemble
梯度提升分类树	GradientBoostingClassifier	ensemble

6.5.1 朴素贝叶斯

朴素贝叶斯是基于贝叶斯定理与特征条件独立假设的分类方法。最广泛的两种分类模型是决策树模型（Decision Tree Model）和朴素贝叶斯模型（Naive Bayesian Model，NBM）。

同决策树模型相比，朴素贝叶斯分类器（Naive Bayes Classifier，NBC）发源于古典数学理论，有着坚实的数学基础，以及稳定的分类效率。同时，NBC 模型所需估计的参数很少，对缺失数据不太敏感，算法也比较简单。理论上，NBC 模型与其他分类方法相比具有最小的误差率。但实际上并非总是如此，这是因为 NBC 模型假设属性之间相互独立，这个假设在实际应用中往往是不成立的，这给 NBC 模型的正确分类带来了一定影响。

【示例 6-20】朴素贝叶斯（一）。

程序代码：

```
from sklearn import naive_bayes
import numpy as np
from sklearn.model_selection import train_test_split
from sklearn import datasets
iris=datasets.load_iris()
X_train,X_test,y_train,y_test=train_test_split(iris.data,iris.target)
gaussianNB=naive_bayes.GaussianNB()
gaussianNB.fit(X_train, y_train)
score=gaussianNB.score(X_test,y_test)
print(score)
y_predict=gaussianNB.predict(X_test)
print(X_test.shape)
print(y_predict)
print(gaussianNB.predict([[1,1,1,1]]))
```

输出结果：

```
0.9473684210526315
```

```
(38, 4)
[1 0 2 2 0 2 1 1 0 2 2 0 0 2 1 0 2 1 0 2 2 2 1 2 1 1 0 1 1 1 0 0 2 1 2 1 0 0]
[2]
```

【示例 6-21】朴素贝叶斯 cross_val_score 评价函数。

程序代码：

```
from sklearn import naive_bayes
import numpy as np
from sklearn.model_selection import train_test_split
from sklearn.model_selection import cross_val_score
from sklearn import datasets
from sklearn.decomposition import PCA
iris=datasets.load_iris()
pca=PCA(n_components=2)
pca.fit(iris.data)
reduced_X=pca.transform(iris.data)
X_train,X_test,y_train,y_test=train_test_split(reduced_X,iris.target)
gaussianNB=naive_bayes.GaussianNB()
gaussianNB.fit(X_train, y_train)
score=gaussianNB.score(X_test,y_test)
score2=cross_val_score(gaussianNB,X_test,y_test)
print(score)
print(score2)
```

输出结果：

```
0.9473684210526315
[0.92307692 1.         0.91666667]
```

【示例 6-22】朴素贝叶斯 score 评价函数。

程序代码：

```
from sklearn import naive_bayes
from sklearn.model_selection import train_test_split
from sklearn.preprocessing import normalize
from sklearn import datasets
iris=datasets.load_iris()
X_normalized=normalize(iris.data,norm='l2')
X_train,X_test,y_train,y_test=train_test_split(X_normalized,iris.target)
gaussianNB=naive_bayes.GaussianNB()
gaussianNB.fit(X_train, y_train)
score=gaussianNB.score(X_test,y_test)
print(score)
```

输出结果：

```
0.9473684210526315
```

6.5.2 分类决策树

分类决策树

决策树（Decision Tree）是在已知各种情况发生概率的基础上，通过构建决策树来求取净现值的期望值大于或等于零的概率，评价项目风险，判断其可行性的决策分析方法，是直观运用概率分析的一种图解法。由于这种决策分支画成图形很像一棵树的枝干，故称决策树。

决策树是一种树形结构，其中每个内部结点表示一个属性上的测试，每个分支代表一个测试输出，每个叶结点代表一种类别。

分类树（决策树）是一种十分常用的分类方法。

【示例 6-23】分类决策树算法。

程序代码：

```
from sklearn import datasets
import matplotlib.pyplot as plt
import numpy as np
from sklearn import tree
iris=datasets.load_iris()
dtc=tree.DecisionTreeClassifier(max_depth=3)
dtc.fit(iris.data,iris.target)
print('类别是',iris.target_names[dtc.predict([[7,7,7,7]])][0])
```

输出结果：

```
类别是 virginica
```

【示例 6-24】分类决策树应用。

程序代码：

```
from sklearn import datasets
import matplotlib.pyplot as plt
import numpy as np
from sklearn import tree
from sklearn.model_selection import train_test_split
wine=datasets.load_wine()
X_train,X_test,y_train,y_test=train_test_split(wine.data,wine.target)
dtc=tree.DecisionTreeClassifier()
dtc.fit(X_train, y_train)
print(dtc.predict(X_test),"\n",y_test)
print(dtc.score(X_test,y_test))
```

输出结果：

```
[0 0 1 1 2 1 2 1 2 2 0 0 0 1 1 1 0 1 2 0 0 1 0 1 0 1 0 0 0 1 0 1 0 1 2 0 1 0 1
 0 2 1 0 1 2 2 1]
[0 0 1 1 2 1 2 1 2 2 0 0 0 1 1 1 0 1 2 2 1 1 0 1 0 1 0 2 0 1 0 1 0 1 2 0 1 2 1
 0 2 1 0 1 2 2 1]
0.9111111111111111
```

6.5.3 SVM（支持向量机）

支持向量机（Support Vector Machine, SVM）是一种分类算法，但是也可以做回归，根据输入的数据不同可做不同的模型。若输入标签为连续值则做回归，若输入标签为分类值则用 SVC() 做分类。

通过寻求结构化风险最小来提高学习机泛化能力，实现经验风险和置信范围的最小化，从而达到在统计样本量较少的情况下，亦能获得良好统计规律的目的。

SVM（支持
向量机）

SVM 是一种二类分类模型，其基本模型定义为特征空间上的间隔最大的线性分类器，即支持向量机的学习策略便是间隔最大化，最终可转化为一个凸二次规划问题的求解。

【示例 6-25】支持向量机。

程序代码：

```
from sklearn import datasets
import matplotlib.pyplot as plt
import numpy as np
from sklearn import svm
from sklearn.model_selection import train_test_split
wine=datasets.load_wine()
X_train,X_test,y_train,y_test=train_test_split(wine.data,wine.target)
svc=svm.SVC()
svc.fit(X_train, y_train)
print(svc.predict(X_test),"\n",y_test)
print(svc.score(X_test,y_test))
```

输出结果：

```
[1 1 1 1 1 1 1 1 1 1 1 1 1 1 1 1 1 1 1 1 2 1 1 1 1 1 1 1 2 1 1 1 1 1 1 1 0 1 1 1
 1 1 0 1 1 1 1 1]
 [2 1 1 2 0 1 0 1 1 2 2 1 0 1 0 0 0 0 2 0 1 2 1 2 0 0 2 1 1 1 2 0 2 0 1 0 0
 1 0 0 0 1 2 1 2]
0.4444444444444444
. . .
```

6.5.4 神经网络

神经网络

神经网络是一种应用类似于大脑神经突触连接的结构进行信息处理的数学模型。在工程与学术界也常直接简称为人工神经网络或类神经网络。神经网络是一种运算模型，由大量的结点（或称神经元）和结点之间相互连接构成。每个结点代表一种特定的输出函数，称为激励函数。每两个结点间的连接都代表一个对于通过该连接信号的加权值，称为权重，这相当于人工神经网络的记忆。网络的输出则依网络的连接方式、权重值和激励函数的不同而不同。而网络自身通常都是对自然界某种算法或者函数的逼近，也可能是对一种逻辑策略的表达。

它的构筑理念是受到生物（人或其他动物）神经网络功能的运作启发而产生的。人工神经网络通常是通过一个基于数学统计学类型的学习方法得以优化，所以人工神经网络也是数学统计学方法的一种实际应用，通过统计学的标准数学方法我们能够得到大量的可以用函数来表达的局部结构空间。另一方面，在人工智能学的人工感知领域，我们通过数学统计学的应用可以来做人工感知方面的决定问题，通过统计学的方法，人工神经网络能够类似人一样具有简单的决定能力和简单的判断能力。

神经网络方法比起正式的逻辑学推理演算更具有优势。

【示例 6-26】神经网络。

程序代码：

```
import sklearn
from sklearn import datasets
import numpy as np
from sklearn.model_selection import train_test_split
```

```
from sklearn.metrics import accuracy_score
from sklearn.import neural_network
iris=datasets.load_iris()
X=iris.data
y=iris.target
X_train,X_test,y_train,y_test=train_test_split(X, y, test_size=0.3, random_
state=0)
from sklearn.preprocessing import StandardScaler
sc=StandardScaler()
sc.fit(X_train)
X_train_std=sc.transform(X_train)
X_test_std=sc.transform(X_test)
mpl=neural_network.MLPClassifier(solver='lbfgs',alpha=1e-5, hidden_layer_
size=(5,2),random_state=1)
mpl.fit(X_train_std, y_train)
y_pred=mpl.predict(X_test_std)
accuracy_score(y_test, y_pred)
```

输出结果：

```
0.9555555555555556
```

6.5.5　K-近邻算法

K 近邻(K-Nearest Neighbor, KNN)算法的核心思想是如果一个样本在特征空间中的 k 个最相似（即特征空间中最邻近）的样本中的大多数属于某一个类别，则该样本也属于这个类别。KNN 算法不仅可用于多类别分类，还可以用于回归。通过找出一个样本的 k 个最近邻居，将这些邻居的属性的平均值赋给该样本，作为预测值。

K 最近邻分类

【示例 6-27】KNN 算法。

程序代码：

```
%matplotlib inline
import numpy as np
import matplotlib.pyplot as plt
from sklearn import datasets
from sklearn.model_selection import train_test_split
from sklearn.neighbors import KNeighborsClassifier
iris=datasets.load_iris()
iris_X=iris.data
iris_Y=iris.target
X_train,X_test,Y_train,Y_test=train_test_split(iris_X,iris_Y,test_size=0.3)
knn=KNeighborsClassifier()
knn.fit(X_train,Y_train)
print(knn.predict(X_test))
print(Y_test)
plt.subplot(2,2,1)
plt.scatter(X_test[:,0],Y_test)
plt.subplot(2,2,2)
plt.scatter(X_test[:,1],Y_test)
plt.subplot(2,2,3)
plt.scatter(X_test[:,2],Y_test)
plt.subplot(2,2,4)
plt.scatter(X_test[:,3],Y_test)
```

输出结果：

```
[2 1 2 0 2 0 0 0 0 0 1 2 1 0 2 2 2 0 2 0 2 0 2 2 1 1 2 2 1 2 2 2 0 0 1 0 1 0 0 2
 0 2 2 0 1 0 2 1]
[2 1 2 0 2 0 0 0 0 0 1 1 2 0 2 2 2 0 2 0 2 0 2 2 1 1 2 2 1 2 2 1 0 0 1 0 1 0 0 2
 0 2 2 0 1 0 1 1]
```

输出图形如图 6-11 所示。

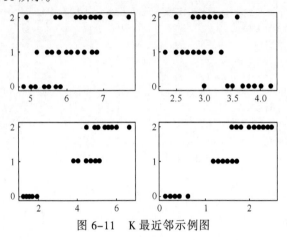

图 6-11　K 最近邻示例图

6.6　聚类

聚类分析指将物理对象或抽象对象的集合分组为由类似的对象组成的多个类的分析过程。聚类分析的目标就是在相似的基础上收集数据来分类。聚类源于很多领域，包括数学、计算机科学、统计学、生物学和经济学等。

聚类与分类的不同在于聚类所要求划分的类是未知的。

聚类是将数据分类到不同的类或者簇这样的一个过程，所以同一个簇中的对象有很大的相似性，而不同簇间的对象有很大的相异性。

从统计学的观点看，聚类分析是通过数据建模简化数据的一种方法。传统的统计聚类分析方法包括系统聚类法、分解法、加入法、动态聚类法、有序样品聚类、有重叠聚类和模糊聚类等；目前流行的是 K-均值、K-中心点等人工智能的聚类分析算法。

聚类分析是一种探索性的分析，能够从样本数据出发，自动进行分类。聚类分析所使用方法的不同，通常会得到不同的结论。

Sklearn 实现了多种聚类算法，如表 6-6 所示。

表 6-6　常用聚类算法

序　号	函 数 名 称	参　数	距 离 度 量
1	K-Means	簇数	点之间距离
2	Spectral clustering	簇数	图距离
3	Ward hierarchical clustering	簇数	点之间距离
4	Agglomerative clustering	簇数、连接类型、距离	任意成对点线图间的距离
5	DBSCA	半径大小、最低成员数目	最近的点之间的距离
6	Birch	分支因子、阈值、可选全局集群	点之间的欧式距离

6.6.1　K-means 算法

K-means 算法是最为经典的基于划分的聚类方法，是十大经典数据挖掘算法之一。K-means 算法的基本思想是：以空间中 k 个点为形心进行聚类，对最靠近它们的对象归类。通过迭代的方法，逐次更新各簇的形心的值，直至得到最好的聚类结果。

形心可以是实际的点或者是虚拟点。

假设要把样本集分为 c 个簇，算法描述如下：

① 适当选择 c 个簇的初始形心。

② 在第 k 次迭代中，对任意一个样本，求其到 c 个形心的欧氏距离或曼哈顿距离，将该样本归类到距离最小的形心所在的簇。

③ 利用均值等方法更新该簇的形心值。

④ 对于所有的 c 个簇形心，如果利用第②步、第③步中的迭代法更新后，当形心更新稳定或误差平方和最小时，则迭代结束，否则继续迭代。

误差平方和是指簇内所有点到形心的距离之和。

该算法的最大优势在于简洁和快速。算法的关键在于初始中心的选择和距离公式。

【示例 6-28】K-means 聚类。

程序代码：

```
import pandas as pd
import matplotlib.pyplot as plt
from sklearn.datasets import load_iris
from sklearn.preprocessing import MinMaxScater
from sklearn.cluster import KMeans
from sklearn.manifold import TSNE
%matplotlib inline
iris=load_iris()
iris_data=iris['data']                          # 提取数据集中的数据
iris_target=iris['target']                      # 提取数据集中的标签
iris_names=iris['feature_names']                # 提取特征名
scale=MinMaxScaler().fit(iris_data)             # 训练规则
iris_dataScale=scale.transform(iris_data)      # 应用规则
kmeans=KMeans(n_clusters=3,random_state=1).fit(iris_dataScale)
                                                # 构建并训练模型
print('构建的 K-Means 模型为: \n',kmeans)
result=kmeans.predict([[1.5,1.5,1.5,1.5]])
print('花瓣花萼长度宽度全为 1.5 的鸢尾花预测类别为: ',result[0])
pca=PCA(n_components=2,random_state=0)         # 使用 pca 进行数据降维，降成两维
pca.fit(iris_data)
pre_X=pca.transform(iris_data)
plt.scatter(pre_X[:,0],pre_X[:,1])
plt.show()
```

输出结果：

```
构建的 K-Means 模型为:
 KMeans(algorithm='auto', copy_x=True, init='k-means++', max_iter=300,
    n_clusters=3, n_init=10, n_jobs=None, precompute_distances='auto',
```

```
        random_state=1, tol=0.0001, verbose=0)
花瓣花萼长度宽度全为 1.5 的鸢尾花预测类别为：  2
```

输出图形如图 6-12 所示。

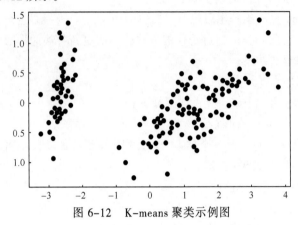

图 6-12   K-means 聚类示例图

6.2.2   DBSCAN

DBSCAN 聚类

该算法通过样本的紧密程度来确定样本的分布,适用于集群在任何形状的情况下。DBSCAN 算法中一个重要的概念为核心样本（具有较高的紧密度）。该算法有两个参数 min_samples 和 eps，高 min_samples 或者低 eps 代表着在形成聚类时，需要较高的紧密度。

该算法简单的描述：先任意选择数据集中的一个核心对象为"种子"，再由此出发确定相应的聚类簇，再根据给定的领域参数（min_samples，eps）找出所有核心对象，再以任意一个核心对象出发，找出由其密度可达的样本生产聚类簇，直到所有核心对象均被访问为止。

【示例 6-29】DBSCAN 算法。

程序代码：

```
import numpy as np
import matplotlib.pyplot as plt
from sklearn import datasets
from sklearn.cluster import DBSCAN
%matplotlib inline
X1, y1=datasets.make_circles(n_samples=5000, factor=.6,noise=.05)
X2, y2=datasets.make_blobs(n_samples=1000, n_features=2, centers=[[1.2,1.2]],
cluster_std=[[.1]],random_state=9)
X=np.concatenate((X1, X2))
plt.subplot(311)
plt.scatter(X[:, 0], X[:, 1], marker='o')
plt.show()
from sklearn.cluster import KMeans
y_pred=KMeans(n_clusters=3, random_state=9).fit_predict(X)
plt.subplot(312)
plt.scatter(X[:, 0], X[:, 1], c=y_pred)
plt.show()
y_pred=DBSCAN(eps=0.1, min_samples=10).fit_predict(X)
```

```
plt.subplot(313)
plt.scatter(X[:, 0], X[:, 1], c=y_pred)
plt.show()
```

输出图形如图 6-13 所示。

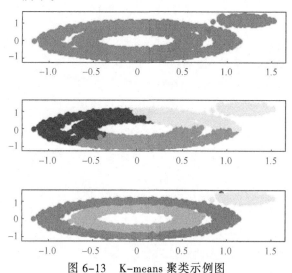

图 6-13　K-means 聚类示例图

　小　结

本章介绍了机器学习的有关概念，Sklearn 的数据集，模型选择、训练、评价、保存等；讲解了数据预处理的方法；重点讲解了降维、回归、分类和聚类算法。

　习　题

一、选择题

1. 监督学习包括（　　）。

　　A. 降维　　　　　　　B. 回归　　　　　　C. 分类　　　　　　　　D. 聚类

2. 鸢尾花数据集属于（　　）。

　　A. load 数据集　　　　　　　　　　B. make 数据集

　　C. 可在线下载的数据集　　　　　　D. svmlight/libsvm 格式的数据集

3. 数据集拆分为训练集和测试集的函数是（　　）。

　　A. cross_val_score　B. PCA　　　　　C. score　　　　　　D. train_test_split

4. 支持向量机用来回归分析的算法是（　　）。

　　A. SVM　　　　　　B. SVC　　　　　　C. SVR　　　　　　D. SVN

二、填空题

1. 机器学习可以分为监督学习和_____。

2. 数据预处理的模块是_____。

3. 函数 sklearn.decomposition.PCA(n_components='mle',whiten=False,svd_solver='auto') 中参数 n_components 取值'mle'用 MLE 算法根据特征的_____选择一定数量的主成分特征来降维。

三、简答题

1. 朴素贝叶斯。

2. 模型评估。

3. 聚类分析。

 实　　验

一、实验目的

① 掌握降维、回归、分类和聚类算法。

② 掌握 Sklearn 的机器学习过程及其数据预处理、模型选择、训练和评价。

二、实验内容

① 降维。

② 回归。

③ 分类。

④ 聚类。

⑤ 模型评估。

三、实验过程

1. 降维

程序代码（一）

```
from sklearn.datasets import load_wine
from sklearn import decomposition
import matplotlib.pyplot as plt
wine=load_wine()
pca=decomposition.PCA(n_components=2)
pca.fit(wine.data)
reduced_X=pca.transform(wine.data)
print(wine.data.shape)
print(reduced_X.shape)
```

程序代码（二）

```
import numpy as np
import matplotlib.pyplot as plt
from sklearn import decomposition
from mpl_toolkits.mplot3d import Axes3D
%matplotlib inline
from sklearn.datasets.samples_generator import make_blobs
X, y=make_blobs(n_samples=10000, n_features=3, centers=[[3,3,3], [0,0,0],
[1,1,1], [2,2,2]], cluster_std=[0.2, 0.1, 0.2, 0.2],  random_state =9)
fig=plt.figure()
ax=Axes3D(fig, rect=[0, 0, 1, 1], elev=30, azim=20)
plt.scatter(X[:, 0], X[:, 1], X[:, 2],marker='o')
pca=decomposition.PCA(n_components=2)
```

```
pca.fit(X)
X_new=pca.transform(X)
plt.figure()
plt.scatter(X_new[:, 0], X_new[:, 1],marker='o')
plt.show()
```

程序代码（三）

```
from sklearn.datasets.samples_generator import make_classification
from sklearn.discriminant_analysis import  LinearDiscriminantAnalysis
from sklearn import decomposition
import matplotlib.pyplot as plt
X,labels=make_classification(n_samples=200,n_features=20,n_redundant=0,
              n_informative=10,random_state=1,n_clusters_per_class=2)
print('原始维度: ',X.shape)
pca=decomposition.PCA(n_components=2)
pca.fit(X)
reduced_X=pca.transform(X)
print('降维后维度: ',reduced_X.shape)
plt.scatter(reduced_X[:,0],reduced_X[:,1])
lda=LinearDiscriminantAnalysis(n_components=2)
reduced_X2=lda.fit_transform(X,labels)
print(reduced_X2.shape)
plt.scatter(reduced_X2[:,0],reduced_X2[:,1])
```

2. 回归

```
%matplotlib inline
from sklearn import datasets
from sklearn.linear_model import LinearRegression,LogisticRegression
from sklearn.model_selection import train_test_split
import matplotlib.pyplot as plt
boston=datasets.load_boston()
linear=LinearRegression()
logistic=LinearRegression();
X_train,X_test,y_train,y_test=train_test_split(boston.data, boston.target)
linear.fit(X_train,y_train)
pred_linear=linear.predict(X_test)
logistic.fit(X_train,y_train)
pred_logistic=logistic.predict(X_test)
plt.plot(range(y_test.shape[0]),y_test,color='red')
plt.plot(range(y_test.shape[0]),pred_linear,color='blue',linestyle='-')
plt.figure()
plt.plot(range(y_test.shape[0]),y_test,color='red')
plt.plot(range(y_test.shape[0]),pred_logistic,color='green',linestyle=
'-.')
```

3. 分类

程序代码（二）：

```
%matplotlib inline
```

```
from sklearn import datasets
from sklearn import naive_bayes
from sklearn import preprocessing
from sklearn.model_selection import train_test_split
cancer=datasets.load_breast_cancer()
scaler=preprocessing.MinMaxScaler(feature_range=(0, 1))
scaler.fit(cancer.data)
X=scaler.transform(cancer.data)
X_train,X_test,y_train,y_test=train_test_split(X,cancer.target)
gaussian=naive_bayes.GaussianNB()
gaussian.fit(X_train,y_train)
predict_y=gaussian.predict(X_test)
print(gaussian.score(X_test,y_test))
print(y_test,'\n',predict_y)
```

程序代码（二）：

```
%matplotlib inline
from sklearn import datasets
from sklearn import tree
from sklearn import preprocessing
from sklearn.model_selection import train_test_split
cancer=datasets.load_breast_cancer()
scaler=preprocessing.MinMaxScaler(feature_range=(0, 1))
scaler.fit(cancer.data)
X=scaler.transform(cancer.data)
X_train,X_test,y_train,y_test=train_test_split(X,cancer.target)
dtc=tree.DecisionTreeClassifier()
dtc.fit(X_train,y_train)
predict_y=dtc.predict(X_test)
print(dtc.score(X_test,y_test))
i=0
while i < len(predict_y):
    if(predict_y[i] != y_test[i]):
        print('第',i,'个值预测错误')
    i=i+1
```

4. 聚类

程序代码（一）：

```
#k-means Iris
import pandas as pd
import matplotlib.pyplot as plt
from sklearn.datasets import load_iris
from sklearn.preprocessing import MinMaxScaler
from sklearn.cluster import KMeans
from sklearn.manifold import TSNE
%matplotlib inline
iris=load_iris()
iris_data=iris['data']
```

```
iris_target=iris['target']
iris_names=iris['feature_names']
scale=MinMaxScaler().fit(iris_data)
iris_dataScale=scale.transform(iris_data)
kmeans=KMeans(n_clusters=3,random_state=123).fit(iris_dataScale)
print('构建的 K-Means 模型为: \n',kmeans)
result=kmeans.predict([[1.5,1.5,1.5,1.5]])
print('花瓣花萼长度宽度全为 1.5 的鸢尾花预测类别为: ',result[0])
tsne=TSNE(n_components=2,init='random',random_state=177).fit(iris_data)
df=pd.DataFrame(tsne.embedding_)
df['labels']=kmeans.labels_
df1=df[df['labels']==0]
df2=df[df['labels']==1]
df3=df[df['labels']==2]
plt.plot(df1[0],df1[1],'bo',df2[0],df2[1],'r*',df3[0],df3[1],'gD')
plt.show()
```

程序代码（二）

```
import numpy as np
from sklearn import datasets
from sklearn.model_selection import KFold
from sklearn.model_selection import train_test_split
from sklearn.neighbors import KNeighborsClassifier
iris=datasets.load_iris()
iris_X=iris.data
iris_Y=iris.target
X_train,X_test,Y_train,Y_test=train_test_split(iris_X,iris_Y,test_size=0.3)
knn=KNeighborsClassifier()
knn.fit(X_train,Y_train)
print(Y_test)
y_predict=knn.predict(X_test)
count=0
for y1,y2 in zip(y_predict,Y_test):
    if(y1==y2):
        count=count+1
print(count/len(y_predict))
```

程序代码（三）：

```
%matplotlib inline
import pandas as pd
from sklearn.manifold import TSNE
import matplotlib.pyplot as plt
import sklearn.datasets as datasets
iris=datasets.load_iris()
tsne=TSNE(n_components=2,init='random', random_state=10).fit(iris.data)
                                    #降维至 2 维
df=pd.DataFrame(tsne.embedding_)    #原始数据转换为 DataFrame
df['labels']=iris.target            #聚类结果存储进 df
df1=df[df['labels']==0]
df2=df[df['labels']==1]
df3=df[df['labels']==2]
```

```
plt.plot(df1[0],df1[1],'bo',df2[0],df2[1],'r*',df3[0],df3[1],'gD')
plt.show()
```

5. 模型评估

```
from sklearn import datasets
iris=datasets.load_iris()
x=iris.data
y=iris.target
from sklearn import linear_model
linear=linear_model.LinearRegression()
from sklearn import linear_model
logistic=linear_model.LogisticRegression()
from sklearn import tree
tree=tree.DecisionTreeClassifier(criterion='entropy')
from sklearn import svm
svm=svm.SVC()
from sklearn import naive_bayes
bayes=naive_bayes.GaussianNB()
from sklearn import neighbors
KNN=neighbors.KNeighborsClassifier(n_neighbors=3)
linear.fit(x,y)
logistic.fit(x,y)
tree.fit(x,y)
svm.fit(x,y)
bayes.fit(x,y)
KNN.fit(x,y)
print("线性回归评估: ",linear.score(x,y))
print("逻辑回归评估: ",logistic.score(x,y))
print("决策树评估: ",tree.score(x,y))
print("支持向量机评估: ",svm.score(x,y))
print("朴素贝叶斯评估: ",bayes.score(x,y))
print("KNN 评估: ",KNN.score(x,y))
```

参 考 文 献

[1]   纪路. Python 数据科学实践指南[M]. 北京：机械工业出版社，2017.

[2]   张良均，王路. Python 数据分析与挖掘实战[M]. 北京：机械工业出版社，2017.

[3]   余本国. Python 数据分析基础[M]. 北京：机械工业出版社，2017.

[4]   罗攀. 从零开始学 Python 数据分析[M]. 北京：机械工业出版社，2018.

[5]   麦金尼. 利用 Python 进行数据分析：第 2 版[M]. 徐敬一，译. 北京：机械工业出版社，2018.

[6]   伊德里斯. Python 数据分析实战[M]. 严嘉阳，译. 北京：机械工业出版社，2017.

[7]   萨伯拉曼尼安. Python 数据科学指南[M]. 方延风，刘丹，译. 北京：人民邮电出版社，2016.

[8]   布朗利. Python 数据分析基础[M]. 陈光欣，译. 北京：人民邮电出版社，2017.

[9]   黄红梅，张良均. Python 数据分析与应用[M]. 北京：人民邮电出版社，2018.